跟着电网企业劳模学系列培训教材

变电站运检一体化

国网浙江省电力有限公司　组编

中国电力出版社
CHINA ELECTRIC POWER PRESS

内 容 提 要

本书是“跟着电网企业劳模学系列培训教材”之《变电站运检一体化》分册，以从事变电站运检一体化工作所需要掌握的变电站一次设备的专业知识要点、技能要点及运维检修要求三个层次进行编写，主要介绍变压器、互感器、断路器、隔离开关、开关柜的运行维护及常规检修的内容。

本书供从事 35 ～ 220kV 变电站运检一体化的运维检修人员学习、培训使用。

图书在版编目（CIP）数据

变电站运检一体化 / 国网浙江省电力有限公司组编． -- 北京 ： 中国电力出版社，2022.6
跟着电网企业劳模学系列培训教材
ISBN 978-7-5198-6663-1

Ⅰ．①变… Ⅱ．①国… Ⅲ．①变电站－技术培训－教材 Ⅳ．① TM63

中国版本图书馆 CIP 数据核字（2022）第 085161 号

出版发行：中国电力出版社
地　　址：北京市东城区北京站西街 19 号（邮政编码 100005）
网　　址：http://www.cepp.sgcc.com.cn
责任编辑：刘丽平
责任校对：黄　蓓　常燕昆
装帧设计：张俊霞　赵姗姗
责任印制：石　雷

印　　刷：三河市万龙印装有限公司
版　　次：2022 年 6 月第一版
印　　次：2022 年 6 月北京第一次印刷
开　　本：710 毫米 ×980 毫米　16 开本
印　　张：14
字　　数：196 千字
印　　数：0000—1000 册
定　　价：70.00 元

编 委 会

主　编　刘理峰　黄　晓　朱维政

副主编　俞　洁　项志荣　徐汉兵　王　权　徐以章

编　委　张仁敏　沈曙明　郎宜伟　殷伟斌　钱　肖

杨　坚　吴秋晗　陈　彤　王文廷　周晓虎

王建莉　高　祺　胡雪平　董绍光　俞　磊

周　熠　叶丽雅

编 写 组

组　长　倪钱杭　刘永新

副组长　王志亮　连亦芳

成　员　蔡继东　陈小鹏　何　强　詹江杨　杨　智

徐洋超　王　涛　姒天军　李海兵　傅辰凯

杨嘉炜　赵　峰　李　丰　沈　琪　张少成

周益峰　谢国钢　黄龙祥　张伟忠　王　伟

孟凡生　王　江　王　勇　胡文佳　薛　琦

丛书序

国网浙江省电力有限公司在国家电网有限公司领导下，以努力超越、追求卓越的企业精神，在建设具有卓越竞争力的世界一流能源互联网企业的征途上砥砺前行。建设一支爱岗敬业、精益专注、创新奉献的员工队伍是实现企业发展目标、践行“人民电业为人民”企业宗旨的必然要求和有力支撑。

国网浙江公司为充分发挥公司系统各级劳模在培训方面的示范引领作用，基于劳模工作室和劳模创新团队，设立劳模培训工作站，对全公司的优秀青年骨干进行培训。通过严格管理和不断创新发展，劳模培训取得了丰硕成果，成为国网浙江公司培训的一块品牌。劳模工作室成为传播劳模文化、传承劳模精神、培养电力工匠的主阵地。

为了更好地发扬劳模精神，打造精益求精的工匠品质，国网浙江公司将多年劳模培训积累的经验、成果和绝活进行提炼总结，编写了“跟着电网企业劳模学系列培训教材”。该丛书的出版，将对劳模培训起到规范和促进作用，以期加强员工操作技能培训和提升供电服务水平，树立企业良好的社会形象。丛书主要体现了以下特点：

一是专业涵盖全，内容精尖。丛书定位为劳模培训教材，涵盖规划、调度、运检、营销等专业，面向具有一定专业基础的业务骨干人员，内容力求精练、前沿，通过本教材的学习可以迅速提升员工技能水平。

二是图文并茂，创新展现方式。丛书图文并茂，以图说为主，结合典型案例，将专业知识穿插在案例分析过程中，深入浅出，生动易学。除传统图文外，创新采用二维码链接相关操作视频或动画，激发读者的阅读兴趣，以达到实际、实用、实效的目的。

三是展示劳模绝活，传承劳模精神。“一名劳模就是一本教科书”，丛书对劳模事迹、绝活进行了介绍，使其成为劳模精神传承、工匠精神传播的载体和平台，鼓励广大员工向劳模学习，人人争做劳模。

丛书既可作为劳模培训教材，也可作为新员工强化培训教材或电网企业员工自学教材。由于编者水平所限，不到之处在所难免，欢迎广大读者批评指正！

最后向付出辛勤劳动的编写人员表示衷心的感谢！

丛书编委会

前　言

随着电网规模不断扩大，变电站运检业务范围逐渐扩展，精益化管理要求不断提升，传统的变电运行检修模式面临新的挑战。变电运检一体化是在全面践行国家电网公司运维一体化的基础上，进一步以优化作业模式、提升设备主人技能水平为目的的“运维＋检修”变电专业新模式，是精益生产方式的具体实践。变电运检一体化通过设立运检工岗位和进行技能培训，让基层职工在一个岗位上掌握运检、检修等多项技术技能，降低了人工成本和时间成本，实现节约能源、节省投资、唤醒资源。

本书以 35kV 及以上变电站一次设备的知识要点、技能重点及运维检修要求为主题进行编写，主要介绍变电站一次主设备中变压器、互感器、断路器、隔离开关、开关柜的运检一体化检修，从设备的知识要点、技术技能要领、运检维护、专业检修、缺陷处置及案例处理等方面进行有机组合，力求体现理论知识够用，实际工作能力培养突出，通俗易懂，便于自学。

本书注重运检人员能力培养，旨在通过学习培训全面提升变电运维职工的检修素质，提高变电站及集控站运检工的技术技能水平。

变电运检新技术快速发展，需要更多的技术支撑。由于水平有限，本书难免有疏漏和不足之处，敬请读者批评指正。

编　者

2022 年 4 月

目　录

扎根一线的电力工匠

——记国家电网有限公司劳动模范倪钱杭

倪钱杭，中共党员，高级工程师，高级技师，1988年进入浙江省电力有限公司绍兴供电公司工作，从事变压器检修工作，他以“十年打一口深井”的工匠精神，三十年如一日地奋斗在一线；全国技术能手，浙江省职业技能带头人，浙江省首席技师，浙江省高技能领军人才，国家电网有限公司劳动模范、生产技能专家，浙电工匠等荣誉是对他工作的肯定。

他是电网运行的“护航人”。变压器好比电网的“心脏”，而倪钱杭就是这些“心脏”的手术师。30多年来，他年均工作时间达300天，累计主持110kV及以上变电类设备技改检修工程130多项，完成变压器缺陷处理1800余次。解决了许多关键性操作技术和生产难题。绍兴电网建设进程中的第一次500kV变压器检修、第一次110kV变电站全停的集中检修、第一次110kV变压器标准化作业等重点工程都是由他牵头负责。他主持的自动脱气换油装置的开发、变电设备状态检修辅助系统及变压器RCM检修策略研究等项目，极大提高了变压器检修的智能化水平，使变压器检修效率和供电可靠性都获得了显著提升。

他是创新创效的“领头雁”。倪钱杭在长期的变压器检修工作中，不断摸索创新，创造性地开展电网检修工作，为企业带来了巨大的经济效益和社会效益。他首创不吊罩更换主变压器有载开关筒体技术，一台110kV主变压器可节约成本50万元；建立大型变压器振动特征数据库，实现了变压器稳定性能的在线监测，保障了安全供电；主持开发了变压器运检技术提升智汇平台；完成变压器不停电滤油补油运检技术与应用研究，发明了变压器带电补油装置。在电气行业中首创的变压器“三零”补油装置，推动了补油技术的创新发展，该装置荣获第四届国网青创赛金奖等省部级奖项。近年来，倪钱杭获得了15项国家专利，发表论文15篇，主持完成的群创科技成果获得国网浙江电力及以上奖项20多个。

他是授业解惑的“育林师”。倪钱杭特别重视技艺的传承，经常为年轻同事讲授实用的技能知识，分享宝贵的工作经验。作为技能带头人，他依托劳模创新工作室为基层职工搭建成长平台。多年来，平均每年在单位内部开展技能培训10次，开展浙江省电力系统劳模跨区域授课8次，累计培训600多人次。倪钱杭劳模创新工作室被评为浙江省职工金牌技术服务队、浙江省电力有限公司示范标杆劳模技能工作室。

他是服务社会的“实干家”。供电企业的社会责任是保障可靠供电、提供优质服务。倪钱杭凭借着扎实的技术和丰富的经验，30年间，使变压器的供电可靠性提升了约8%，社会效益明显。

倪钱杭是一名长期奋斗在电力一线的平凡工作者，做平凡的工作，在平凡中成长！

项目一

变电站运检一体化概述

【项目描述】

本项目包含运检一体化基本概要、发展历程、模式的特色和优势、实施的理念推广等内容。通过描述、介绍、分析，了解运检一体化的背景和发展现状；熟悉相关的技术概念；掌握变电站运检一体化实施与建设等内容。

任务一　运检一体化基本概要

【技能要领】

运检一体化最早起源于国网绍兴供电公司停复役操作和消缺一体的“操作消缺”模式，经历十余年的发展，在全面践行国家电网公司运维一体化的基础上，形成了以变电运检和检修两大专业的制度、技能、绩效等相互融合的运检一体化管理模式。

具体到生产作业方面，运检一体化是指：具有运检、检修双重专业技能的人员依据岗位职责开展变电运检和设备消缺、综合检修、生产计划编制等业务，以设备管控提质增效为目标的一种生产作业模式。

运检一体化一方面能让具有专业背景的技术人员拓展专业范畴，探索第二专业培养，唤醒技术人员的自身潜力；另一方面能锻炼运检班班组长的检修、运检指挥协调能力，有助于复合型管理人才的培养。

运检人员具备的多专业能力能有效支撑作业流程中运检和检修两个角色的转换，优化作业流程，减少等待、交底的时间，在确保安全风险管控要求不降低的前提下，提升工作效率。

运检一体化模式以技能融合为基础、业务融合为途径、制度融合为保障、模式融合为方向、激励融合为导向，重点解决谁来干、干什么、怎么干、干成什么样、谁会愿意干的问题。

（1）技能融合，即培养运检一体化人才，解决“谁来干”的问题。通过开展相应的技能培训，使运检人员“一精二会三了解”，即：精通本专业，学会第二专业，了解相关专业；采用组织技能鉴定的方式，认定运检的员工是否具备负责人双资质。通过鉴定的员工具有运检人员“一岗多能”的素质，由此培养出符合运检一体化要求的复合型技能人才队伍。

（2）业务融合，即优化运检一体化流程，解决“干什么”的问题。建立一套“以值班表、巡视维护表和生产计划表为基础，纵向覆盖月/周/日，横向延伸至运检各业务”的生产计划管控体系，固化一种“3＋N＋X”值班模式（3人参与24小时值班，N为白班人员，X为应急备班人员和待班人员），优化一种确保设备运检检修全过程不间断作业的运检、检修“角色转换”流程，明确何人何时干什么。

（3）制度融合，即建立运检一体化标准，解决“怎么干”的问题。全面分析运检一体化在安全生产管理方面的风险，对现有的规章制度、管理标准进行梳理，整合检修和运检交集部分的管控体系，建立适应运检一体化模式的涵盖岗位管理、生产计划管理、检修后验收管理等的管理规定，以及涵盖操作消缺、检修试验、新设备试验投运、综合检修、倒闸操作等的业务流程，确保运检一体化作业安全、规范、有序执行。

（4）模式融合，即拓展运检一体化优势，解决“干成什么样”的问题。打破传统的变电运检、变电检修专业壁垒，利用运检人员多专业的背景、综合能力以及与主体责任契合度高的特点，将“运检一体化”作为设备主人制深化的落脚点、设备全寿命管控的切入点和专业管理要求执行落地的突破点，进一步提升运检一体化的延伸价值。

（5）绩效融合，制定运检一体化奖励制度，解决“谁会愿意干”的问题。探索能力和业绩相结合的运检正向激励机制，分别在奖金奖励和工薪岗级等方面予以激励，鼓励运检人员全程参与设备停复役、工作许可及终结等运检作业，提高运检人员的获得感和工作积极性。

任务二　运检一体化建设理念及推广

一、建设理念

安全可控是核心。运检一体化制度建设是保障各项运检工作安全高效开展的前提，建设过程中需考虑安全和效益的平衡。一是业务流程，严格遵循安规规定。原先由运检和检修人员分别担任的安全角色，通过角色转换，既优化了流程，又充分履行了安全职责；二是业务融合，充分考虑承载能力。在业务融合过程中，确保专业技能与岗位要求相匹配，并保证人员的劳动强度处于合理范围内。

班组设置是基础。运检一体化班组的建立应重点考虑管辖变电站和人员规模的平衡。班组管辖变电站地域范围应相对集中，以满足应急响应的要求。班组专业技术力量应与管辖变电站数量相匹配。人员设置既要满足各项运检业务开展需求，同时也要考虑效率效益。根据国网绍兴供电公司十余年的建设发展经验，运检班管辖的变电站数量以30～40座为宜，运检人员规模以40～60人为宜。

稳妥推进是关键。运检一体化推进具有阶段性特征，业务开展和人员技能成长均需有一个循序渐进的过程。一是业务开展需遵循“起步、拓展、融合、成熟”四个阶段；二是技能提升需按照“两个阶段、三个维度”[1] 的培训模式有序推进，并同步做好人员的激励和各方面的安全保障工作。

二、复制推广

根据国网绍兴供电公司已有的探索实践经验，提炼国际领先的标准化推广复制模式，从前期准备、班组整合、磨合提升、成熟固化四个环节着手，创新了一整套可复制、可推广的运检一体化落地方案。

（1）前期筹备。一是建设基础设施。充分研判班组开展运检工作后对各类生产生活设施的需求，以“最大化利用原有设施”为原则，建设相关硬件设施，满足运检人员日常生产生活需要。二是配置各类装备。根据运检班组管辖变电站的规模和业务范围，参照标准化工器具和仪器仪表清单配置装备，满足后续运检业务的开展。三是编制相关制度。梳理运检一体化相关管理制度，明确现有运检制度对班组的可适用性。分析班组个体化

---

[1] 两个阶段为集中轮训和实战练兵，三个维度为运维人员学检修、检修人员学运维和新员工学运检。

状况，对存在明显差异的，提前有针对性地实施修改和完善。四是组建运检队伍。以运检班组为基底，加入检修骨干力量，确保运检业务不受影响，检修业务循序渐进，逐步实现业务融合。开展专业培训工作，为专业融合储备人才，保障运检人才队伍稳定。

（2）班组整合。一是人员配置。运检班人员总数40～60人为宜，全部人员应具备双重资质，形成有利于日常工作开展的人员专业、资质、能力配比，使其具备可同时开展变电站综合检修、运检值班、培训等工作的能力，达到人员利用效益最大化。二是变电站规模。综合考虑变电站人员配置总数、日常运检检修业务开展情况、今后运检业务正常开展需求、变电站区域划分、设备检修周期等因素，运检班组所辖变电站数量以30～40座为宜。三是班组培育。国网绍兴供电公司按照“检修部门为主、运检部门为辅”的模式，培育运检班组。国网绍兴供电公司检修部门具有十余年运检一体化的实践经验，新的运检班组组建初期，可在检修部门的技术支撑和业务支撑下开展运检一体化工作和班组人员培训，助力班组迅速走向成熟。

（3）磨合提升。一是开展人员培训。以班组专业配置需求为导向，结合个人意愿和专业现状，按照“三个维度、两个阶段、一个标准”进行人员技能培养，形成各专业标准化配置的运检队伍，为后续运检业务推进储备专业力量。二是拓展运检业务。通过融合和提升两个阶段逐步开展运检业务。融合阶段，在取得运检、检修双重资质的基础上，运检人员从事单间隔的操作消缺、专业巡检以及倒闸操作。提升阶段，重点围绕单间隔检修试验、新设备投产试验、综合检修和应急处置等工作进行拓展。

（4）成熟固化。一是全面开展运检一体化业务。原检修、运检人员通过前期的融合提升，达到具备开展所有运检一体化业务的技能要求。运检班组承担所辖变电站的所有运检业务。班组日常作业环节工作机制固化，实现运检工作效率效益的全面提升。二是加强运检一体化制度建设。从运检业务一体化出发，全面统筹公司各职能部门工作，加强运检一体化制度建设，确保设备管理、电网运行、安全监督、人员管理、班组建设等工作有章可依，构建完备、高效的运检一体化制度体系。三是总结运检一体化推广经验。及时总结运检班建设过程中人员配置、教育培训、业务融合、安全管控等方面的典型经验，提炼运检一体化业务推广的标准模式，推动运检工作高质量发展。

项目二

变压器运检一体化检修

【项目描述】

本项目包含变压器本体及各附件结构原理。通过结构介绍及原理分析，了解附件的运行检修要点，熟悉运检、检修规范要求，掌握设备在运检一体化模式下的运检、巡检和C级检修的技术要求，掌握常规缺陷的处置能力。

任务一　变压器基本结构及组部件

【任务描述】

本任务主要讲解变压器的基本结构及附件组成、铭牌主要标志含义等内容。通过结构讲解、概念介绍、原理分析，熟悉并掌握变压器的结构组成及其在变压器中的主要作用。

【技能要领】

一、变压器的基本原理

变压器是一种相对静止的电气设备，具有两个或多个绕组。在同一频率下，它可将一个系统的交流电压和电流转换为另一个系统的电压和电流，用于输送电能。

变压器的工作原理是电磁感应和磁势平衡。现在以图 2-1 单相双绕组变压器为例进行说明，它的两个匝数不等的绕组环绕在同一个闭合铁芯上，其中接电源的绕组为一次绕组，匝数为 N_1，接负载的绕组为二次绕组，匝数为 N_2。

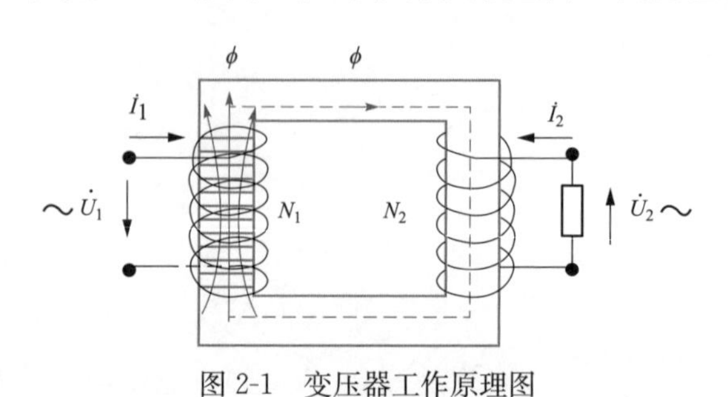

图 2-1　变压器工作原理图

将变压器一次绕组的两端接到电源为 $\dot{U}_1$ 的交流电源上，当二次绕组开路时，在 $\dot{U}_1$ 的作用下，变压器一次绕组就有交流电流流过，此时的电流为空载电流。在空载电流作用下会产生空载磁动势，该磁动势在铁芯中产生交变磁通。产生的磁通在一、二次绕组中分别产生感应电动势。当二次绕组接上负载时，在二次绕组中的感应电动势作用下，二次绕组就有电流 $\dot{I}_2$ 流过，而此时一次绕组由空载电流增大到 $\dot{I}_1$。

变压器变压的关键是交链一、二次绕组的磁通是交变的，一、二次绕组的电压比等于匝数比。

二、变压器基本结构部件

变压器主要由铁心、绕组、引线、油箱及外围附件等组成，其中绕组和铁心是变压器实现电磁转换的核心部分，而油箱、引线及各种附件是保证油浸式变压器运行所必需的组部件。大容量的电力变压器广泛采用油浸式结构，其基本结构如图 2-2 和图 2-3 所示。

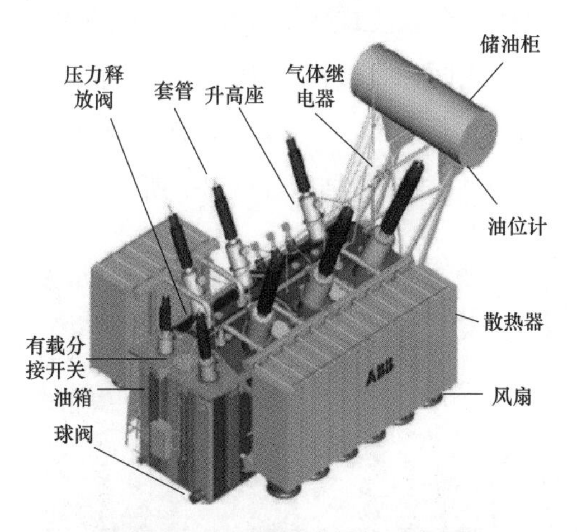

图 2-2　变压器基本结构示意图

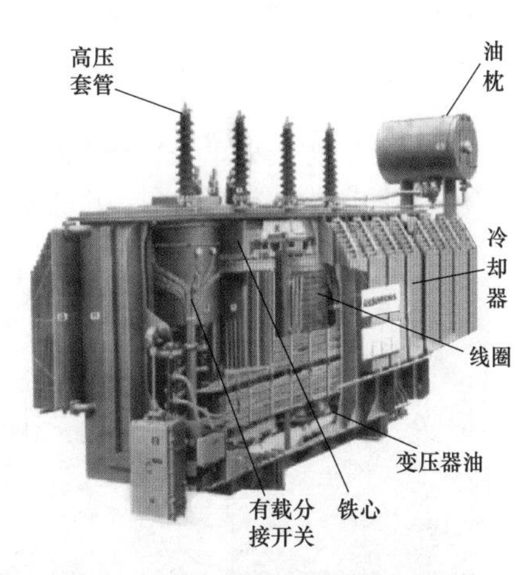

图 2-3　变压器基本结构局部剖视图

1. 器身

变压器器身是油箱内部的组部件，是吊罩或吊芯后裸露的组部件，包括铁心、绕组、绝缘、引线、分接开关等部件组装后的整体。变压器器身结构如图 2-4 和图 2-5 所示。

图 2-4　变压器器身实物图

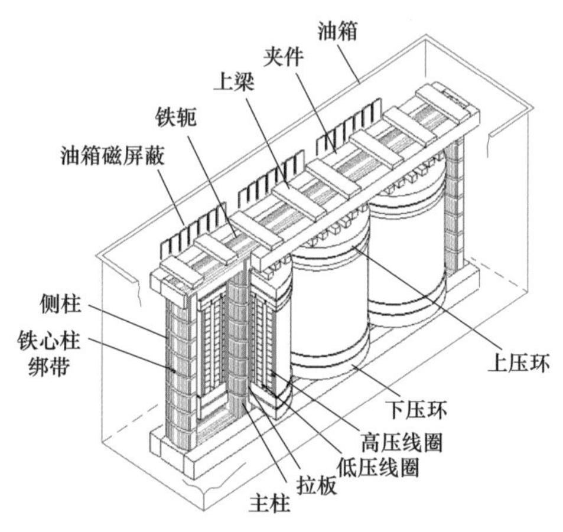

图 2-5　变压器器身结构示意图

2. 铁心

铁心是变压器的导磁回路，它把多个独立的电路用磁场紧密联系起来。铁心由芯柱和磁轭构成，既是磁路也是骨架，磁路是电能转换的媒介，骨架是整体支撑，材料采用高导磁冷轧硅钢片。在油浸式变压器中，铁心约占变压器总质量的 40%。铁心结构有壳式及芯式两种，普遍采用芯式。铁心是变压器运行中温度最高点，设置有冷却油道。运行中铁心有且只有一点接地。三相三柱式铁心结构如图 2-6 所示，三相五柱式铁心结构如图 2-7 所示。

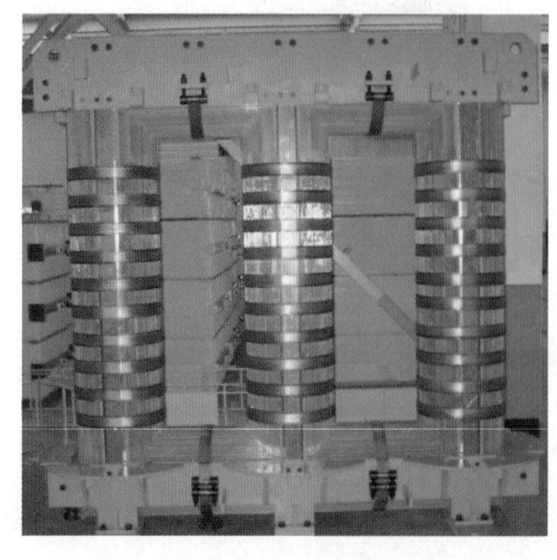

图 2-6　三相三柱式铁心结构示意图

图 2-7　三相五柱式铁心结构示意图

3. 绕组

绕组是变压器的电路部分，分为高压、中压和低压绕组，通常采用铜线绕制而成。绕组结构形式可分为层式和饼式两大类。绕组的线匝沿其轴向按层依次排列的为层式绕组；绕组的线匝在辐向形成线饼（线段）后，再沿轴向排列的为饼式绕组。层式绕组主要有圆筒式和箔式两种结构，饼式绕组主要有连续式、纠结式、内屏蔽式、螺旋式等结构。

变压器绕组应具有足够的绝缘强度、机械强度和耐热能力。

变压器中连接绕组端部、开关、套管等部件的导线称为引线，它将外部电源电能输入变压器，又将电能输出变压器，如图 2-8 所示。

图 2-8 变压器引线

引线一般有三类：绕组线端与套管连接的引出线、绕组端头间的连接引线以及绕组分接与开关相连的分接引线。

4. 绝缘

绝缘水平是变压器能够承受运行中各种过电压与长期最高工作电压作用的水平，是与保护用避雷器配合的耐受电压水平，取决于设备的最高电压。

绝缘结构分为全绝缘和分级绝缘两种，其中：绕组线端的绝缘水平与中性点的绝缘水平相同的称为全绝缘；绕组的中性点绝缘水平低于线端的绝缘水平称为分级绝缘。

油浸式变压器的绝缘类型分为外绝缘和内绝缘，其中：外绝缘是指变压器油箱外部的套管和空气的绝缘；内绝缘是指变压器油箱内各不同电位部件之间的绝缘，内绝缘又分为主绝缘和纵绝缘。

绝缘分类如下所示：

- 绝缘
  - 内绝缘
    - 主绝缘
      - 相——地
      - 相——相（不同相，同相不同电压等级）
    - 纵绝缘：同相不同电位之间绝缘
  - 外绝缘：空气介质（套管本身外绝缘、套管间及套管对地）

5. 油箱

油箱由油箱本体（箱盖、箱壁、箱底、钟罩下节油箱等）及附件（放油阀门、油样阀门、小车、接地螺栓、铭牌等）组成。油箱是器身的外壳、绝缘油的容器、附件装配的骨架，是辐射和散热的介体。油箱的型式有桶式（大油箱、上盖板，见图 2-9）和钟罩式（下节小、上节大，见图 2-10）两种。

油箱应密封可靠，焊接不得渗漏，密封件不漏油。油箱要有高的机械强度，不仅能承受器身和油的重量、所有附件的重量，还要承受运输中的冲击、抽真空时的压力及内部事故的冲击。

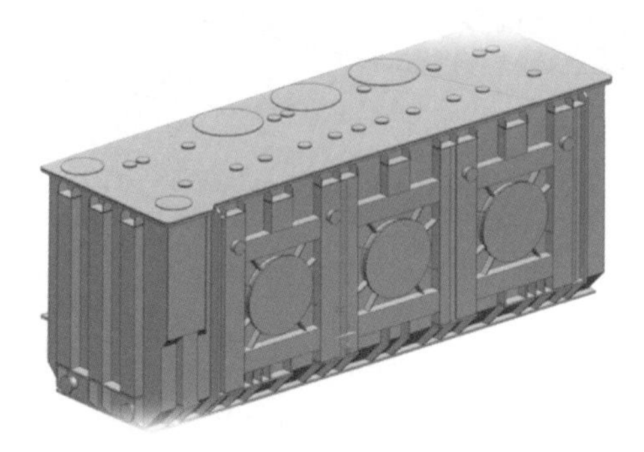
图 2-9 桶式油箱

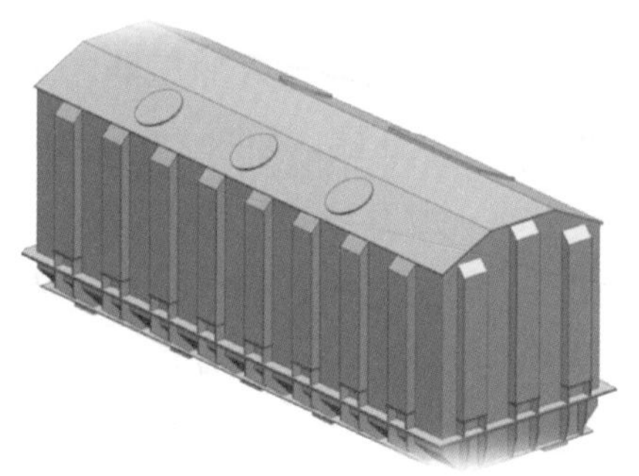
图 2-10 钟罩式油箱

油箱密封连接形式为螺栓连接，可以吊罩或吊芯检修，如图 2-11 所示。对于全密封结构，只能从人孔洞进行内检，如图 2-12 所示。

图 2-11 油箱密封螺栓连接

图 2-12 油箱密封焊死结构

三、变压器各组部件及作用

组件是变压器重要组成部分，按作用大致分为以下几类：

（1）安全保护类：气体继电器、压力释放阀等。

（2）指示类：各类油位计、温度计。

（3）油处理装置：储油柜、吸湿器、净油器、在线滤油机等。

（4）冷却装置：散热器、冷却器等。

（5）引出部件：各类套管。

（6）调压装置：即分接开关，分为无载调压和有载调压两种。

（7）在线监测装置：套管介损在线监测，油中溶解气体监测，特高频、高频、超声等局放类监测，振动监测，铁心、夹件接地电流监测等。

1. 冷却装置

冷却装置是将变压器运行中产生的热量散发出去，以保证变压器处于安全运行温度状态的装置。冷却装置一般是可拆卸式，非强迫油循环的称为散热器，强迫油循环的称为冷却器。

2. 套管

变压器套管是将变压器内部的高、低压引线引到油箱外部的装置。它不但作为引线对地绝缘，而且担负着固定引线的作用，要有足够的电气强度和机械强度。

3. 储油柜

变压器储油柜是补偿变压器运行过程中绝缘油随负载和环境温度的变化发生体积变化的容器。

4. 吸湿器

吸湿器也称呼吸器，用于清除和干燥由于变压器温度变化而进入储油柜的空气中的杂质和水分。

5. 压力释放装置

压力释放阀是变压器内部压力超限时的释放通道。当变压器发生故障时，油箱内压力增加超过限值，压力释放阀动作，释放油箱内超常压力，起到保护油箱的作用。

6. 气体继电器

气体继电器（瓦斯继电器）是油浸式变压器的重要安全保护装置，安装在变压器箱盖与储油柜的连管上，在变压器内部故障产生的气体或油流作用下接通信号或跳闸回路，发出告警信号或使变压器从电网中切除，从而保护变压器。

7. 分接开关

分接开关通过变换分接头来减少或增加一部分线匝，从而改变变压器绕组的匝数比，实现调整电压的目的。

8. 在线滤油装置

在线滤油装置主要用于变压器有载分接开关绝缘油的过滤。有载分接开关切换时发生电弧放电，绝缘油分解、老化并产生大量的游离碳或少量金属碎屑等，造成绝缘油性能下降。通过在线滤油装置对绝缘油进行过滤，可确保绝缘油具有良好性能。

四、变压器铭牌主要参数

按照国家标准，变压器铭牌上需要标出：名称、型号、产品代号、制造厂、出厂序号、出厂日期等信息，除此以外，还需标出变压器相应的技术数据。

变压器的铭牌包含了变压器的基本信息，因此要了解和掌握一台变压器特征必须正确认识和理解铭牌标志及其含义。

（1）额定容量：在规定条件下，通以额定电流、额定电压时，其连续运行所输送的单相或三相总的视在功率。

（2）额定电流：在额定条件下运行时，其绕组所流过的线电流。

（3）额定电压：长时间运行时，其设计所规定的电压值（一般指线电压）。

（4）额定变比：变压器各侧绕组额定电压之间的比值。

（5）绝缘水平：变压器各侧绕组引出端所能承受的电压值。

（6）空载电流和空载损耗：施加在其中一组绕组上的额定电压，其他绕组开路时施加电压的绕组侧产生的电流为空载电流。由于变压器的空载电流很小，它所产生的绕组损耗可以忽略不计，所以空载损耗可被认为是变压器的铁损。

（7）负载损耗：在一次侧绕组施加电压，而将另一侧绕组短接，使电源电流达到该绕组的额定电流时变压器从电源所消耗的有功功率，也称为短路损耗。

（8）绕组联结组别号：两侧线电压的相位关系。

（9）容量比：各侧额定容量之间的比值。

（10）额定温升：绕组或上层油面的温度与变压器外围空气的温度之差。

（11）额定频率：设计所依据的运行频率。

（12）冷却方式：常用的冷却方式有油浸自冷式（ONAN）、油浸风冷式（ONAF）、强迫油循环风冷（OFAF）。

油浸自冷式是利用油的自然对流作用，将热量带到油箱壁或管式（片式）散热器中，依靠空气的对流传导将热量散发。常用于小容量变压器。

油浸风冷式是加装冷却风扇，利用吹风加速散热器内油的冷却，可提高容量30％～35％。中等容量的变压器一般采用油浸风冷的散热方式。

强迫油循环风冷式是把油箱中的热油利用油泵打入冷却器，经冷却后再返回油箱。选用强迫油风冷冷却方式时，在油泵与风扇失去供电电源、变压器不能长时间运行的情况下，需两个独立电源供冷却器使用。

任务二 变压器运检巡检

【任务描述】

本任务包含变压器运检巡检的技能要点。通过运检巡检主要内容的介绍，熟悉变压器运检巡检的核心重点，可以从检修角度进行更专业的设备巡检，及时发现设备缺陷和隐患。

一、变压器运检巡视重点项目要点

1. 温度

(1) 油面温度指示控制器、绕组温度指示控制器的外观完好，表盘密封良好，指示正确。

(2) 油箱表面温度、绕组温度等无异常现象，与远方测温表指示的温度一致。

2. 油位

(1) 油位计外观完整、密封良好，油位计指示正确。

(2) 对照油位——油温标准曲线检查油位正常。

(3) 油位计表盘内有无潮气冷凝。

3. 渗漏油

法兰、阀门、表计、分接开关、冷却装置、油箱、油管路等连接处及焊缝处密封应良好，无渗漏痕迹。

4. 运行声响

(1) 运行中的振动和噪声应无明显变化，无外部连接松动及异常响声。

(2) 无闪络、跳火和放电声响。

5. 接地情况

(1) 中性点直流电流正常，无发热现象。

(2) 外壳及中性点接地良好。

(3) 铁心、夹件接地应良好。

(4) 铁心接地电流在100mA以下。

6. 基础及引线情况

(1) 主变压器基础无下沉、裂变。

(2) 引线接头、电缆、母线应无过热，雨天无蒸汽，夜间无发红迹象。

7. 冷却装置运行状况

(1) 风冷却器风扇的运行情况正常，无异常声音及振动。

(2) 油流指示正确，无抖动现象。

（3）风扇运转正常，无异声、反转、卡阻、停转现象。

（4）冷却装置及阀门、管路无渗漏。

（5）散热良好，无堵塞、气流不畅情况。

（6）同一工况下，各散热片的温度应大致相同。

（7）随温度和负载自动投切的冷却器投切情况正常，散热片没有积聚大量污尘。

8. 套管状况

（1）外观：

1）瓷套表面无破损、裂纹，无严重油污、放电痕迹及其他异常现象。

2）油位指示正常。

3）橡胶伞裙形状能够与瓷伞裙表面吻合良好。

4）表面洁净、光滑，硅伞裙无开裂、搭接口无开胶、伞裙无脱落、无爬电等现象。

（2）法兰渗漏油情况：

1）各密封处应无渗漏。

2）电容式套管应注意电容屏末端接地套管的密封情况。

（3）套管是否过热：

1）用红外测温装置检测套管内部及顶部接头连接部位的温度情况。

2）检查套管末屏及套管电流互感器端子箱端子是否过热。

3）对装硅橡胶以增大爬距或涂防污涂料的套管，重点检查其有无异常。

9. 吸湿器

（1）硅胶：硅胶呼吸器有 2/3 及以上硅胶变色时应更换。

（2）呼吸：呼吸正常，并且伴随着油温的变化，油杯中可观察到明显的呼吸现象，产生气泡。

10. 有载分接开关

（1）操作机构传动部件外观正常，外壳无裂缝；机构各轴、销、锁紧垫片外观检查正常；齿轮机构无渗漏油痕迹，固定轴、卡圈是否正常。

（2）分接开关连接、齿轮箱、开关操作箱内无异常现象。

（3）调压分接头指示正确，同组各相现场与远方应保持一致。

（4）如果发现传动部件外观异常应查明原因；如果在停电维护工作中发现锈蚀，应启动机构箱密封检查处理工作。

11. 端子箱和控制箱

（1）控制箱和二次端子箱应密封良好，无进水受潮，加热器运行正常。

（2）检查箱体内有无放电痕迹，电缆进出口的防小动物措施良好。

（3）检查端子排、开关有无打火现象，接线无松动、脱落。

（4）用红外测温装置检测内部温度是否异常。

（5）接线端子应无松动和锈蚀，接触良好无发热。

（6）冷却器控制箱中冷却器电源状态正常，各选择/控制开关的位置正常，箱体驱潮器的投退正确，箱体的接地良好。

（7）箱内应洁净，开关与运行方式应一致，各指示灯指示正常。

12. 油中溶解气体数据分析（在线监测装置）

（1）检查油中溶解气体含量数据有无超标或异常增长现象。

（2）检查有无乙炔，总烃含量是否在正常范围内。

二、变压器的四类检修

A类检修：指整体性检修，项目包含整体更换、解体检修等。

B类检修：指局部性检修，项目包含部件的解体检查、维修及更换。

C类检修：指例行检查及试验，项目包含本体及附件的检查与维护。

D类检修：指在不停电状态下进行的检修，项目包含专业巡视、带电水冲洗、冷却系统部件更换、辅助二次元器件更换、金属部件防腐处理、箱体维护等不停电工作。

任务三　储油柜（含油位计）运维检修

【任务描述】

本任务主要讲解变压器储油柜和油位计的工作原理、结构类型、运行维护及专业检修要求。通过介绍储油柜和油位计的运检和检修要点，使读者熟悉储油柜和油位计的检修质量标准，掌握其巡视维护的基本内容和检修工艺。

【技能要领】

一、储油柜的种类、结构和工作原理

1. 储油柜的种类

目前，变压器大部分采用安装了防油老化装置的密封型储油柜，包括胶囊式、隔膜式和波纹膨胀式储油柜。

2. 储油柜的结构和工作原理

（1）胶囊式储油柜。胶囊式储油柜的结构如图 2-13 所示，其胶囊内部与大气相通，当温度升高时，油面上升，胶囊中的气体通过与吸湿器相通的联管排出，体积压缩；反之，油面下降，胶囊通过吸湿器吸入空气，体积扩充。

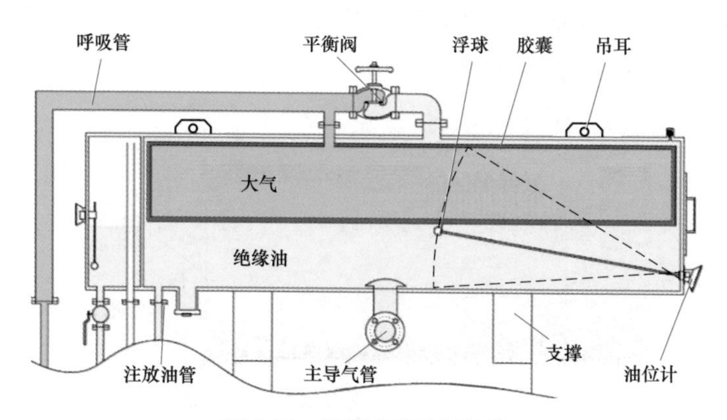

图 2-13　胶囊式储油柜结构

（2）隔膜式储油柜。隔膜式储油柜的结构如图 2-14 所示，隔膜周边压装在上、下柜沿之间，隔膜的内侧紧贴在油面上，外侧与大气相通。这种储油柜一般采用连杆式铁磁油位计。在储油柜底部有个集气盒，变压器运行中油体积的膨胀和收缩都要经过集气盒进入或排出储油柜，而伴随油流

中的气体被集聚在集气盒中，不能进入储油柜，从而可避免出现假油面，集气盒中集聚的气体可以通过排气管端部的阀门放出。

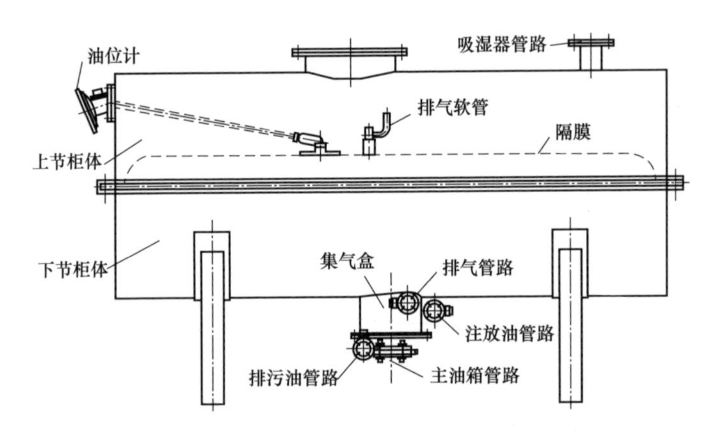

图 2-14　隔膜式储油柜结构

(3) 波纹膨胀式储油柜。波纹膨胀式储油柜如图 2-15 所示，它由柜罩、柜座、波纹膨胀芯体、输油管路、注油管、排气管、输油软连接管、油位指示、语言报警装置等构成。当油温上升时油箱内的变压器油通过输油软连接管流入波纹膨胀芯体，波纹片膨胀展开，当油位上升到一定高度时语言报警器接通，并发出警报。

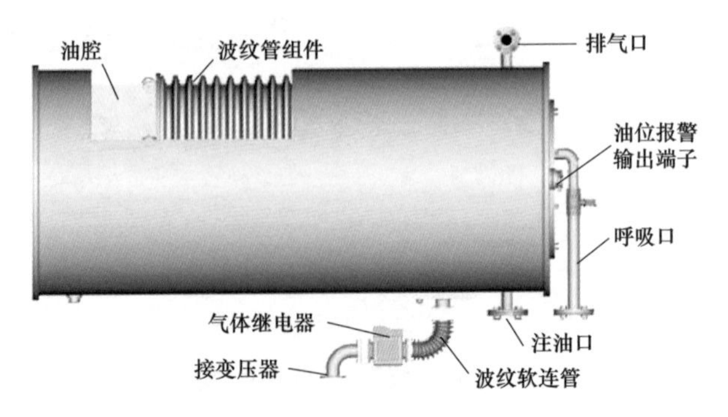

图 2-15　波纹膨胀式储油柜结构

二、油位计的种类、结构和工作原理

1. 油位计的种类

油位计也称油表，用来监视变压器的油温变化，主要分为板式、管式和磁力式等形式。

2. 油位计的结构和工作原理

（1）板式油位计。板式油位计结构简单，由法兰盘、反光镜、玻璃板、密封垫圈、衬垫及外罩组成，一般用于小容量的变压器和电容式套管的储油器上。

（2）管式油位计。如图 2-16 所示，管式油位计上下与储油柜连接，中间为一根玻璃管或带浮子式管式油位计，即在玻璃管中带一个红色的浮球。

图 2-16　管式油位计

（3）磁力式油位计。当变压器的油温变化而使储油柜油面降低时，油位计的浮球（或拉杆）和连杆随之升高或降低，带动油位计的传动机构转动。通过内部永久磁铁磁力耦合作用使油位计的指针旋转，当油位打到最低和最高位时，电气接点闭合，发出信号。磁力式油位计结构如图 2-17 所示。

(a) 表盘表针

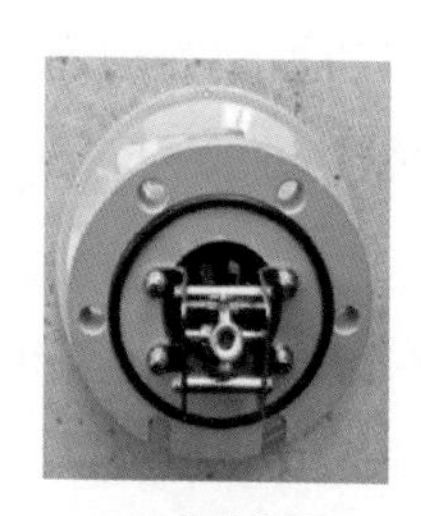

(b) 传动装置

(c) 连杆浮球

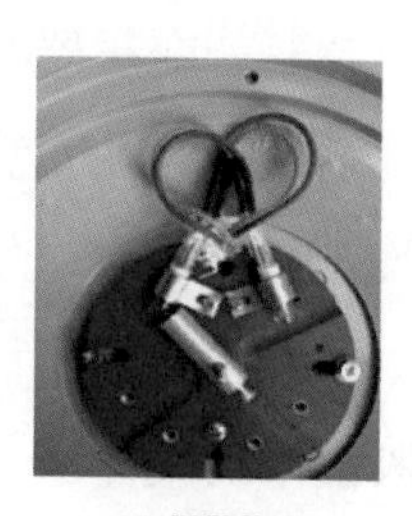

(d) 报警接点

图 2-17　磁力式油位计

三、储油柜和油位计的运检维护

1. 储油柜和油位计的专业巡检要求

巡视时要注意储油柜的连接缝处是否有渗漏油。将油温对应的油位和实际油位进行比较，如果油位存在异常要进行油位调整。

2. 储油柜和油位计的运检维护要求

(1) 检查变压器是否存在严重渗漏缺陷。

(2) 利用红外测温装置检测储油柜油位。

(3) 检查吸湿器呼吸是否畅通及油标管是否堵塞，注意做好防止重瓦斯保护误动的措施。

(4) 若变压器渗漏油造成油位下降，应立即采取措施以制止漏油。若不能制止漏油，且油位计指示低于下限时，应立即向值班调控人员申请停运处理。

(5) 若变压器无渗漏油现象，油温和油位偏差超过标准曲线，或油位超过极限位置上下限，应联系专业人员处理。

(6) 若假油位导致油位异常，应联系专业人员处理。

四、储油柜和油位计的专业检修

1. 储油柜和油位计检修注意事项

(1) 起吊储油柜时应注意吊装环境。

(2) 拆除管道前关闭连通气体继电器的蝶阀，拆除后应及时密封。

(3) 若变压器有安全气道则应和储油柜间互相连通。

(4) 胶囊在安装前应在现场进行密封试验，如发现有泄漏现象，需对胶囊进行更换。

(5) 管式油位计复装时应注入 3～4 倍玻璃管容积的合格绝缘油，排尽小胶囊中的气体。

(6) 指针式油位计复装时应根据伸缩连杆的实际安装结点，用手动模拟连杆的摆动来观察指针的指示位置是否正确，然后固定安装结点。

(7) 胶囊密封式储油柜注油时，打开顶部放气塞直至冒油，然后立即旋紧放气塞，再调整油位，以防止出现假油位。

(8) 储油柜复装时保持连接法兰的平行和同心，密封垫压缩量为 1/3 (胶棒压缩 1/2)，确保接口密封和畅通。

(9) 按照油温—油位标准曲线来调整油量。

（10）拆装前后应确认蝶阀位置正确。

2. 储油柜和油位计检修工艺和质量要求

（1）胶囊式储油柜的检修：

1）放出储油柜内的存油，取出胶囊，倒出积水，清扫储油柜，内部洁净无锈蚀和水分。

2）检查胶囊密封性能，进行气压试验，压力为0.02～0.03MPa，经过12h后应无渗漏；胶囊无老化开裂现象，密封性能良好。

3）用白布擦净胶囊，从端部将胶囊放入储油柜，防止胶囊堵塞气体继电器连接管，连管口应加焊挡罩；胶囊洁净，连接管口无堵塞。

4）将胶囊挂在挂钩上，连接好引出口。为了防止油进入胶囊，胶囊出口应高于油位计与安全气道连管，且三者应相互连通。

5）更换密封胶垫，装复端盖；密封良好，无渗漏。

（2）隔膜式储油柜的检修：

1）解体检修前可先充油进行密封试验，压力为0.02～0.03MPa，时间为2h；隔膜密封良好，无渗漏。

2）拆下各部连接管，清扫干净，妥善保管，管口密封，防止进入杂质。

3）拆下指针式油位计连杆，卸下指针式油位计；隔膜应保持清洁、完好。

4）分解中节法兰螺栓，卸下储油柜上节油箱，取出隔膜清扫，隔膜应保持清洁、完好。

5）清扫上下节油箱，储油柜内外壁应整洁、有光泽、漆膜均匀。

6）更换密封胶垫，密封良好、无渗漏。

7）检修后按相反顺序进行组装。

（3）磁力式油位计的检修：

1）打开储油柜手孔盖板，卸下开口销，拆除连杆与密封隔膜相连的绞链，从储油柜上整体拆下磁力式油位计。

2）检查传动机构是否灵活，有无卡轮、滑齿现象。

3）检查主动磁铁、从动磁轭是否耦合和同步，指针是否与表盘刻度相符，否则应调节后紧固螺栓锁紧以防松脱。

4）检查限位报警装置动作是否正确，否则应调节凸轮或开关位置。

5）更换密封胶垫进行复装。

3. 胶囊式储油柜的注油工艺

（1）方法一：对储油柜注油排气。打开储油柜顶部的放气塞，从储油柜的注油管注油至放气塞溢出油为止，重新密封放气塞，观察油位计的油面应处于或接近于最高处。从储油柜的放油管或变压器底部放油阀放油，此时空气经过吸湿器自然进入储油柜胶囊内部，放油至油位计指示正常油位为止，关闭放油阀。

（2）方法二：打开储油柜顶部放气塞，从注油管对储油柜注油至正常油位为止。拆下吸湿器，从此处对胶囊充一定压力的氮气，直至放气塞有油溢出为止。重新密封放气塞，拆下充氮气的连管，回装吸湿器。

【缺陷处置】

储油柜的缺陷性质、现象、分类及处理原则见表 2-1。

表 2-1　储油柜的缺陷性质、现象、分类及处理原则

序号	缺陷性质	缺陷现象	缺陷分类	处理原则
1	渗油	有轻微渗油，未形成油滴	一般	优先安排带电处理；需停电处理时，运检跟踪
2	漏油	速度每滴时间不快于 5s，且油位正常	一般	优先带电处理；需停电处理时，跟踪并缩短运检周期，重点检查油位情况
		速度每滴时间快于 5s，且油位正常	严重	先进行带电应急处置；对需停电处理的，进行油位监控，应尽快安排停电处理
		漏油形成油流，漏油速度每滴时间快于 5s，且油位低于下限	危急	应立即启动主变压器停电应急措施：带电补油，隔离油流，负荷转移，停电处理等
3	锈蚀	轻微锈蚀或漆层破损	一般	结合检修防污处理
		严重锈蚀	严重	安排停电防污处理

续表

序号	缺陷性质	缺陷现象	缺陷分类	处理原则
4	金属膨胀器指示卡滞	负荷或环境温度明显变化，金属膨胀器指示不变化	严重	综合判断，尽快安排停电检查
5	金属膨胀器破损	金属膨胀器外观破损	严重	综合判断，尽快安排停电检查
6	隔膜破损	引起油劣化加速，由检修人员综合判断	严重	尽快安排停电检查
7	胶囊破损	引起油劣化加速，由检修人员综合判断	严重	尽快安排停电检查
8	油位过低	油位低于正常油位的下限，油位可见	一般	优先安排带电补油
9	油位不可见	油位低于正常油位的下限，油位不可见	严重	启动主变压器紧急停运预案，马上查明原因，立即安排带电补油，重点监视轻瓦斯动作情况，必要时立即停电
10	油位过高	油位高于正常油位的上限	一般	尽快安排带电放油
11	油位模糊	油位指示不清晰	一般	结合停电检查
12	油位计破损	油位计外观破损	严重	综合判断，尽快安排处理
13	油位异常发信	油位异常发信，油位正常	一般	立即安排查明原因

任务四　油箱（含铁心及夹件）运维检修

【任务描述】

本任务主要讲解变压器油箱的运检和检修要点。通过介绍油箱运检和检修要点，使读者熟悉油箱的检修质量标准，掌握其巡视维护的基本内容和检修工艺。

【技能要领】

一、油箱的运检维护

1. 油箱的专业巡检要求

（1）外观：油箱外表面应洁净，无锈蚀，油箱外部漆膜应喷涂均匀、有光泽、无漆瘤。

（2）外引线：铁心（夹件）外引线接地套管完好、绝缘及导线无破损。

（3）夹件：夹件接地瓷套应垂直，无明显的应力。

2. 油箱的运检维护要求

（1）箱体表面如果出现油漆掉落，应及时安排人员进行补漆，防止锈蚀进一步扩散和加剧。

（2）油箱油管路等密封连接处应密封良好，无渗漏痕迹；油箱、升高座等焊接部位应质量良好，无渗漏油。

（3）应定期对油箱及外部螺栓等进行测温，一旦出现发热等异常情况，应及时进行处理。

（4）运行中的风扇、油泵和水泵应运转平稳，转向正确，无异常声音和振动；油泵油流指示器应密封良好，指示正确，无抖动现象。

二、油箱的专业检修

1. 油箱检查和检修的注意事项

（1）高空作业时严禁上下抛掷物品，应使用安全带。安全带应挂在牢固的构件上，禁止低挂高用。

（2）重新组装时应更换新胶垫，位置放正，胶垫压缩均匀，密封良好。

（3）吊装主变压器外壳时，用缆绳绑扎好，并设专人指挥。

（4）在检查绕组时，应准备充足的施工电源及照明，同时应做好防止异物落入主变压器内部的措施。

（5）检修时要注意箱壁或顶部的铁心定位螺栓是否与铁心绝缘。

2. 油箱的检修工艺和质量要求

（1）对油箱上焊点和焊缝中存在的砂眼等渗漏点进行补焊，消除渗漏点。

（2）清扫油箱内部，清除积存在箱底的油污杂质。油箱内部应洁净，无锈蚀，漆膜完整。

（3）清扫强油循环管路，检查固定于下夹件的导向绝缘管的连接是否牢固，有无放电痕迹；强油循环管路内部应清洁，导向管连接牢固，绝缘管表面光滑，漆膜完整、无破损、无放电痕迹。

（4）检查钟罩和油箱法兰结合面是否平整，若有沟痕，应补焊磨平。法兰结合面应清洁、平整。

（5）检查器身定位钉，防止定位钉造成铁心多点接地。

（6）检查磁（电）屏蔽装置有无放电现象，固定是否牢固。磁（电）屏蔽装置应可靠接地。

（7）检查内部油漆情况，对局部脱漆和锈蚀部位重新补漆，内部漆膜应完整、附着牢固。

（8）更换钟罩与油箱间的密封胶垫，胶垫接头应粘合牢固，并放置在油箱法兰直线部位的两螺栓中间。搭接面平放，搭接面长度不少于胶垫宽度的 2～3 倍。在胶垫接头处严禁用白纱带或尼龙带等物包扎加固。

【缺陷处置】

油箱的缺陷性质、现象、分类及处理原则见表 2-2。

表 2-2　　油箱的缺陷性质、现象、分类及处理原则

序号	缺陷性质	缺陷现象	缺陷分类	处理原则
1	渗油	有轻微渗油，未形成油滴	一般	优先安排带电处理；需停电处理时，运检跟踪
2	漏油	漏油速度每滴时间不快于 5s，且油位正常	一般	优先带电处理；需停电处理时，跟踪并缩短运检周期，重点检查油位情况
		漏油速度每滴时间快于 5s，且油位正常	严重	先进行带电应急处置；需停电处理的，进行油位监控，应尽快安排停电处理
		漏油形成油流，漏油速度每滴时间快于 5s，且油位低于下限	危急	应立即启动主变压器停电应急措施：带电补油，隔离油流，负荷转移，停电处理等
3	锈蚀	轻微锈蚀或漆层破损	一般	结合检修防污处理
		严重锈蚀	严重	安排停电防污处理
4	冒烟	运行中冒烟	危急	应立即停运
	着火	运行中着火	危急	应立即停运

续表

序号	缺陷性质	缺陷现象	缺陷分类	处理原则
5	声响异常	外部附件松动引起异响	一般	分析原因，优先带电处理
		内部有放电或爆裂声	危急	应立即停运
6	油温过高	强迫油循环风冷变压器的最高上层油温超过 85℃，油浸风冷和自冷变压器上层油温超过 95℃	危急	启动变压器油温过高应急处置预案

任务五　套管的运维检修

【任务描述】

本任务主要讲解套管的作用原理和结构类型、运行维护及专业检修要求。通过介绍套管的结构，使读者熟悉套管的运检特性与检修要点，掌握套管的运检内容和专业检修工艺。

【技能要领】

一、套管的作用原理和类型结构

1. 作用原理

变压器套管是将变压器内部的高、低压引线引到油箱的外部，它不但作为引线对地的绝缘，而且担负着固定引线的作用，因此具有足够的电气强度和机械强度。

2. 类型结构

变压器常用套管分为纯瓷套管、油浸式电容套管、干式套管三种。

（1）纯瓷套管。

这种套管通常用在低电压等级中。这种套管仅一个瓷套，中部有固定台，可卡装在油箱上，用卡装法兰和压钉来固定。瓷伞的个数根据电压而定，导杆式的导电杆下定位钉应插在瓷套定位槽内以防止转动。纯瓷套管结构如图 2-18 所示。

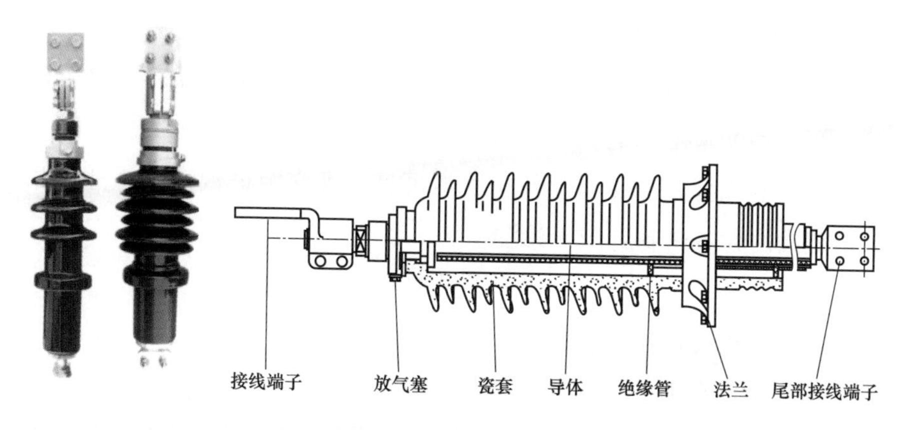

图 2-18　纯瓷套管结构

（2）油浸式电容套管。油浸式电容套管是利用电容分压原理来调整电场，使径向和轴向电场分布趋于均匀，从而提高绝缘的击穿电压。它是在高电位的导电管（杆）与接地的末屏之间，用一个多层紧密配合的绝缘纸和薄铝箔交替卷制而成的电容芯子作为套管的内绝缘，套管内注有变压器油，不与变压器本体相通。油浸式电容套管结构如图 2-19 所示。

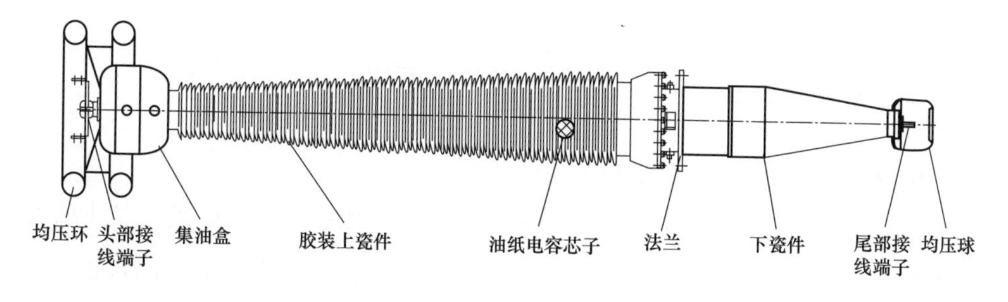

图 2-19　油浸式电容套管结构

（3）干式套管。干式套管是一种比较新型的高压套管，结构上与油浸式电容套管相似，它由电容芯子、瓷套（或硅橡胶）、安装法兰、顶部法兰、导电杆、均压球等组成。电容芯子是用皱纹纸和铝箔交替卷绕在导电管上，组成同心圆柱形的电容屏，而后再经过真空干燥浸渍环氧树脂固化而成，具有机械强度高、电气性能好、体积小、运行维护方便等优点。

二、套管的运检维护

1. 套管专业巡检要求

（1）外观瓷套完好，无脏污、破损，无放电；防污闪涂料、复合绝缘套管伞裙、辅助伞裙无龟裂、老化及脱落。

（2）电容式套管头部油位计应清晰可见，观察窗玻璃清晰，油位指示在合格范围内，各密封处应无渗漏。

（3）套管及接头部位红外检测无异常发热。

（4）电容式套管末屏应接地可靠，无放电，密封良好，无渗漏油。

2. 套管运检维护要求

（1）检查套管固定法兰、头部密封、放气孔等处是否存在明显渗漏痕迹。

（2）检查瓷套上是否出现明显裂纹、破损、放电痕迹。

（3）检查头部油位计指示是否偏高或偏低，油位计是否渗漏，套管油色有无异常发黑及浑浊。

（4）红外检测套管搭头温度有无异常。

（5）因为套管与变压器本体连接，所以若观察或检测出现以上异常现象，应及时安排停电处理，必要时更换套管。

三、套管专业检修

1. 套管例行检修注意事项

（1）应在天气晴好时进行检修，特别是户外变压器的套管更换更要注意天气情况。如需更换密封器件等，应保证在相对湿度小于75%的环境下作业。

（2）应注意与带电设备保持足够的安全距离。

（3）准备好工作所需的材料及工器具，如登高器具、无水乙醇、棉纱、百洁布、密封圈等。

（4）注意机械伤害，防止误碰损伤套管瓷瓶。

（5）高空作业应使用安全带。

（6）严禁上下抛掷物品。

2. 套管的检修工艺和质量要求

(1) 纯瓷套管外表面用干净抹布清洁，检查有无裂纹、破损和渗漏。

(2) 连接端子完整无损，无放电、过热痕迹，如有应及时清理并查明原因，必要时及时更换。

(3) 搭头过热处理时，用百洁布及酒精棉纱清洁导电面。固定牢固后，使用回路电阻测试仪测试合格，必要时更换部件。

(4) 油位应在正常范围，若需补油，应避免潮气进入套管后降低绝缘性能。注油时应添加原标号的合格油。

(5) 放气塞密封圈如有破损应更换，并确保密封圈大小适合。

(6) 为防止套管出现密封性能降低以及进水受潮，应在密封螺丝处打密封胶。

(7) 末屏接地应可靠、绝缘良好，无放电、损坏和渗漏。对于弹簧式结构，应注意检查内部弹簧是否复位灵活；对于压盖弹片式结构，应注意检查弹片弹力，避免弹力不足，必要时进行更换。压盖式结构末屏端子应避免螺杆转动，造成末屏内部连接松动损坏。

(8) 复合绝缘套管伞裙、辅助伞裙无龟裂、老化及脱落。

【缺陷处置】

套管的缺陷性质、现象、分类及处理原则见表 2-3。

表 2-3 套管的缺陷性质、现象、分类及处理原则

序号	缺陷性质	缺陷现象	缺陷分类	处理原则
1	渗油	套管表面有油迹，但未形成油滴	严重	尽快安排停电检修处理
		套管表面有油迹，虽未形成滴油，但套管表面有油迹已延伸 2/3 以上瓷裙	危急	启动主变压器停电应急措施：带电补油，隔离油流，负荷转移，停电处理等
2	漏油	套管表面渗油，形成油滴	危急	应立即启动主变压器停电应急措施：带电补油，隔离油流，负荷转移，停电处理等

续表

序号	缺陷性质	缺陷现象	缺陷分类	处理原则
3	油位过高	油位高于正常油位的上限，可能由内渗引起	严重	安排停电检修处理
4	油位过低	油位低于正常下限，油位可见	一般	结合停电检修处理
5	油位不可见	油位低于正常油位的下限，油位不可见	严重	安排停电检修处理
6	油位模糊	油位指示不清晰	一般	结合停电检修处理
7	油位计破损	油位计外观破损	严重	安排停电检修处理
8	末屏异常	末屏接地不良，引起放电	危急	应立即停电检修处理
9	发热	相对温差 δ 大于等于 95% 或热点温度大于 80℃	危急	应立即停电检修处理
		相对温差 δ 大于等于 80% 或热点温度大于 55℃	严重	安排停电检修处理
		相间温差不超过 10K	一般	结合停电检修处理
10	表面温升异常	整体温升偏高，且中上部温差大，或三相之间温差超过 2～3K	危急	应立即停电检修处理
11	外绝缘破损开裂	外绝缘破损开裂	危急	应立即停电检修处理
12	外绝缘严重污秽放电	外绝缘放电超过第二裙	危急	应立即停电检修处理
		外绝缘放电较为严重，但未超过第二裙	严重	应立即停电检修处理

【典型案例】

一、套管油位异常升高

1. 案例描述

某地区主变压器在巡视过程中发现一相油浸电容式套管油位异常升高，达到最大值。套管红外测温、紫外局部放电检测未见明显异常，主变压器油中溶解气体离线/在线数据、局部放电带电检测均无异常。

2. 原因解析

根据检测结果并结合套管结构特征分析，经解体处理后发现，主变压器套管油位异常偏高的原因为：套管头部储油柜与中心穿缆铜管之间的密封圈密封失效，与穿缆铜管（主变压器本体油）连通，因主变压器本体储油柜油位高于中压套管顶部，使主变压器本体绝缘油内渗入套管储油柜，导致套管储油柜油位异常升高。密封损坏部位见图 2-20。

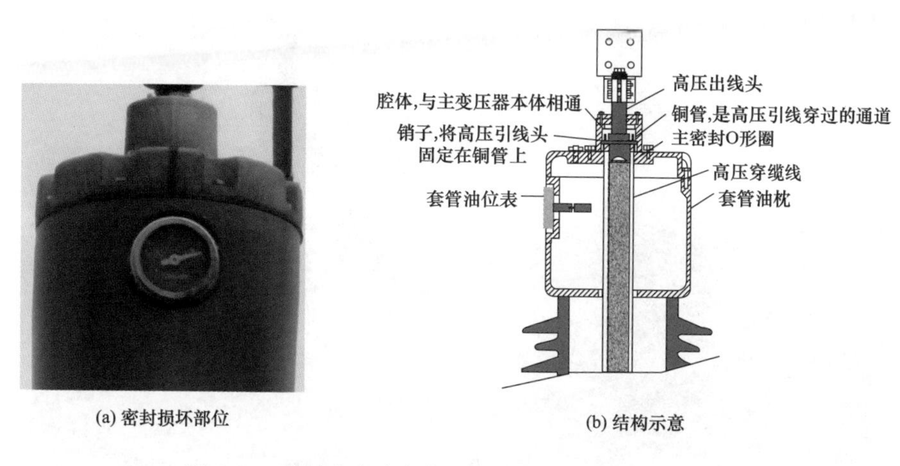

(a) 密封损坏部位　(b) 结构示意

图 2-20　油浸电容式套管密封损坏部位及结构示意图

3. 防控措施

运行中应加强套管油位、红外、紫外及主变压器油中溶解气体、局部放电带电检测，加强运维巡视。

二、套管将军帽发热

1. 案例描述

某主变压器高压套管接头部位温度偏高，进行停电消缺处理。在消缺时两相套管将军帽螺牙咬死无法旋出，打开将军帽检查，发现引线接头的螺牙与将军帽咬死，引线接头螺牙上部约 1/5 段受损，引线接头与将军帽连接处存在通流能力不足隐患，对绕组线端引线接头进行更换处理。将军帽异常发热部位见图 2-21。

2. 原因解析

M 型结构套管将军帽与引线接头间采用螺纹连接，主载流面为螺纹接触面。该结构对安装工艺要求较高，长期运行过程中在振动作用下套管引线接头与将军帽结合部位接触不良，造成该位置电阻增大，引起局部过热。将军帽拆下之后发现内部螺牙有部分氧化痕迹，初步怀疑将军帽持续发热造成内部接触部分氧化，其连接螺纹发生涨缩变形，导致卡涩无法拆装。

(a) 异常发热部位

(b) 引线接头螺牙受损

图 2-21　将军帽异常发热部位及引线接头螺牙受损图

3. 防控措施

加强套管备品备件储备；加强在运型号套管状态监测，严格执行专业反措，加强红外测温等带电监测；新安装的变压器套管导电头不宜采用螺纹连接结构。

任务六　冷却装置（风扇、潜油泵）的运维检修

【任务描述】

本任务主要讲解变压器的冷却方式，各种冷却装置的结构类型、工作原理、运行维护及专业检修要求。通过对不同类型冷却方式与对应装置的

结构讲解，使读者了解变压器冷却装置的运检特性与检修要点，掌握其运检内容和专业检修工艺。

【技能要领】

一、冷却装置概述

变压器在运行过程中，由于铁心和绕组损耗产生的热量，会使变压器油受热而油温升高。为保证变压器在额定温升下安全稳定运行，需要通过冷却装置将变压器运行中产生的热量散发出去。

根据变压器容量与结构差异，冷却方式主要可分为自然冷却、吹风冷却、强油风冷冷却、强油水冷冷却等。

二、常见冷却装置的原理结构

1. 片式散热器

常见的变压器冷却装置有片式散热器、管式散热器强迫油循环风冷却器、强迫油循环水冷却器等。

片式散热器散热效率高，是目前最常用的变压器冷却装置之一，分为固定式与可拆卸式两种。大型变压器采用片式散热器时，如需加风扇，一般装在散热器组的侧面与下方。片式散热变压器安装实例见图 2-22。

图 2-22　片式散热变压器安装实例

2. 管式散热器

管式散热器的散热器焊接在上下两个集油盒上，每只散热器有四排管。散热器上集油盒上有吊环和放气塞，下集油盒下部有放油塞。管式散热器中间可以加装风扇。管式散热变压器安装实例见图 2-23。

图 2-23 管式散热变压器安装实例

3. 强迫油循环风冷却器

强迫油循环风冷却器主要由本体、油泵、风扇、油流继电器等组成。本体由一簇冷却管构成，而油泵是油内离心泵，风扇则由轴流式叶轮与三相异步电动机构成。油流继电器监视油泵是否反转、阀门是否打开和油流是否正常等。强迫油循环风冷却器安装实例见图 2-24。

图 2-24 强迫油循环风冷却变压器安装实例

强迫油循环风冷却器一般有工作状态、辅助状态与备用状态三种状态，变压器正常运行时需保证至少一路冷却器在工作状态。变压器的强迫油循环风冷却器分成三组：第一组在工作状态、第二组在辅助状态、第三组在备用状态，三组的状态定时轮换。工作或者辅助冷却器故障退出后，自动投入备用冷却器。

4. 强迫油循环水冷却器

强迫油循环水冷却器以水为冷却介质，用于大型变压器且具有水源的情况下。水冷却器本体由一个油室、两个水室及水管簇组成。热油流入油室，水流进入水室，形成油水热量充分交换的冷却系统，其安装实例见图 2-25。

图 2-25 强迫油循环水冷却装置安装实例

水冷却器的附件有油泵、油流继电器和压差继电器，其中压差继电器室是重要保护装置，其高压侧接于油出口处，低压侧接于水进口处，正常运行时要求油压大于水压一定值，防止发生泄漏时水进入油中。

三、冷却装置的运检维护

1. 冷却装置专业巡检要求

(1) 外观：各冷却装置外观完好，运行参数正常，各部件无锈蚀、阀门开启正确，从外观上有能够辨别阀门是否开启的标识。

(2) 运行状态监视：各冷却器的风扇、油泵、水泵、电机等运转平稳，转向正确，无异常声音和振动；油泵油流指示器密封良好，指示正确，无抖动现象；冷却系统各信号正确，投入数量足够，每一组冷却器温度无明显差异等。

（3）渗漏油：冷却系统、油泵、油路与连接管道无渗漏油，特别注意冷却器潜油泵负压区是否有渗漏油。

（4）电源：冷却装置控制箱电源投切方式指示正常。

（5）保护装置：水冷却器压差继电器、压力表、温度表、流量表的指示正常，指针无抖动现象。

（6）通路：冷却器无堵塞及气流不畅等情况。

2. 冷却装置运检维护要求

（1）缺陷维护：运行中发现冷却装置的指示灯、空气开关、热继电器和接触器损坏时，应及时更换。

（2）基本安措：在更换指示灯、空气开关、热继电器和接触器前，应将对应工作电源断开，经检测无电压后再进行更换工作；工作中应注意防止误动、误碰运行设备，防止交流短路及接地，防止低压触电。

（3）技术要求：在更换变压器冷却装置继电器时，指示灯、空气开关、热继电器和接触器应尽量保持型号相同，更换完毕后应检查接线是否正确，电源自动投入、风机切换正常。

四、冷却装置专业检修

冷却装置专业检修要求重点检查密封情况、油泵和风扇的工作状况、冷却装置清扫等，包括散热器检修、强油循环冷却装置检修、潜油泵更换、油流继电器更换与风机更换等。

冷却装置专业检修时，注意事项如下：

（1）根据安全距离确定是否需停电工作，并在工作中保持安全距离。

（2）选择天气晴好时工作，施工电源应充足，光线不足时应准备照明电源。

（3）吊装作业应设专人指挥并有专人扶持，起吊搬运时应避免损伤。

（4）高空作业应使用安全带，安全带应挂在牢固的构件上，禁止低挂高用。

（5）冷却装置拆接过程中工具应放在工具袋中，严禁上下抛掷物品。

1. 散热器专业检修

控制好以下几点关键工艺：

（1）检查是否有渗漏点，片式散热器边缘不允许有开裂、破损等。

（2）散热器拆卸后，应用盖板将蝶阀封住。

（3）更换时用合格的变压器油对内部进行循环冲洗，保持内部洁净。

（4）检修时清扫散热器表面，油垢严重时可用去污剂清洗，然后用清水冲净晾干，表面保持洁净。

（5）新散热器加油压进行试漏，试漏标准：片式散热器，0.05～0.1MPa，10h；管状散热器，0.1～0.15MPa，10h。

（6）安装中蝶阀应完好，位置正确，开闭指示标志应清晰、正确。

（7）密封胶垫放置位置准确，压缩量为1/3左右（胶棒压缩1/2）。

（8）检查放气塞子透气性和密封性是否良好。

（9）安装完成后进行调试，调试时先打开下蝶阀，开启至1/3或1/2位置，待顶部排气塞冒油后旋紧，再打开上蝶阀，最终确认上、下蝶阀均处于开启位置。若包含风机更换工作，风机的调试应运行5min以上，转动方向正确，运转应平稳、灵活，无异常噪声。

2. 强油风冷却装置专业检修

需要控制好以下几点关键工艺：

（1）上、下油室内部应清洁，冷却管应无堵塞现象，放气塞、放油塞透气性、密封性应良好，更换密封圈并入槽，不渗漏。

（2）蝶阀和连管的法兰密封面应平整无划痕，无锈蚀，无漆膜；连接法兰的密封面应平行和同心，密封垫位置准确，应均匀压缩1/3左右（胶棒压缩1/2）。

（3）对冷却器表面进行清洗，并用0.1MPa的压缩空气（或水压）吹净管束间堵塞的灰尘、昆虫、草屑等杂物，若油垢严重可用金属洗净剂擦洗干净。冷却器管束间应洁净，无堆积灰尘、昆虫、草屑等杂物。

（4）对冷却器内部进行清洗和试漏，试漏标准：0.25～0.275MPa，30min。

（5）安装完成后进行调试，调试时先打开下蝶阀，开启至 1/3 或 1/2 位置，待顶部排气塞冒油后旋紧，再打开上蝶阀，最终确认上、下蝶阀均处于开启位置，限位良好。

（6）整组冷却器调试时，检查转动方向正确，运转平稳，无异声；各部密封良好，不渗油，无负压；油泵和风机负载电流均无明显差异。

（7）油流继电器调试时，检查指针指示正确、无抖动，微动开关信号切换正确稳定，接线盒盖密封良好。

3. 强油水冷却装置专业检修

需要控制好以下几点关键工艺：

（1）更换时内部应清洁，冷却管无堵塞，更换密封圈并入槽，不渗漏。

（2）拆下并检查差压继电器和油流继电器，进行修理和调试，调试应合格。

（3）关闭进出水阀及油阀，要求排尽残油和残水。

（4）清除油垢和水垢，保证冷却器本体内部洁净，无水垢、油垢，无堵塞。

（5）对冷却器进行内部清洗和试漏，试漏标准：0.4MPa，30min。

（6）在本体直立位置下进行检漏（油泵未装），由冷却器顶部注满合格的变压器油；在水室入口处注入清洁水，由出水口缓缓流出，观察并化验，应无油花出现；再取油样试验，耐压值不应低于注入前值，要求油管密封良好，无渗漏现象，油样、水样化验合格。

（7）蝶阀和连管的法兰密封面平整无划痕，无锈蚀、漆膜，密封良好。

4. 潜油泵检修更换

进行潜油泵检修更换工作时，需要注意以下安全注意事项：

（1）带电更换潜油泵前，将主变压器重瓦斯保护改信号。

（2）潜油泵拆卸前，断开潜油泵电源，检查无电后才能拆开电源连接线。

（3）在拆卸潜油泵过程中，在拆卸下的潜油泵下部放垫块支撑，以保证其平整，同时防止油泵压伤人。

潜油泵检修更换过程中，需要控制好以下关键工艺：

(1) 拆装前后应确认蝶阀位置正确。

(2) 安装过程中，法兰密封面应平整无划痕、锈蚀、漆膜；对接法兰应正确对接，更换各部密封胶圈，包括放气螺栓的密封圈，涂液体密封胶；密封垫位置应准确，依次对角拧紧安装法兰螺栓，使密封垫均匀压缩 1/3 左右（胶棒压缩 1/2）。

(3) 安装完成后，检查电源熔丝或热继电器配置应合理，油泵应转向正确，试转应平稳、灵活，无转子扫膛、叶轮碰壳等异声，三相空载电流平衡，叶轮转动应平稳、灵活，油流继电器指示正确；测量定子绕组的绝缘电阻，其值大于 0.5MΩ；测量绕组的直流电阻，三相互差不超过 2%。

(4) 更换后，需将该组停运冷却器内的气体充分排出。

5. 油流继电器更换

需要控制好以下关键工艺：

(1) 挡板铆接牢固，无松动、开裂，返回弹簧安装牢固，弹力适当。

(2) 油流继电器指针及表盘应清洁，无灰尘、水雾，转动灵活，无卡滞；转动挡板，主动磁铁与从动磁铁应同步转动，观察指针应同步转动，无卡滞现象。

(3) 法兰密封面应平整，无划痕、锈蚀、漆膜，波纹管连接应保证平行和同心，并使密封垫位置准确，压缩量为 1/3 左右（胶棒压缩 1/2）。

(4) 调试，用手转动挡板，在原位转动 85°时，用万用表测量接线端子，微动开关应动作正确。

(5) 拆装油流继电器前后应确认蝶阀位置正确，更换后注意充分排气。

6. 风机检修更换

进行风机检修更换工作时，注意事项如下：

(1) 根据安全距离确定是否需停电工作，工作中注意与带电设备保持足够的安全距离。

(2) 更换风机前，必须切断风机的电源，在拆装电机期间严禁送电，停送电必须有专人负责。

(3) 拆卸前先打开接线盒将电源连接线脱开，拆卸时应避免碰撞，防止叶轮碰撞变形。

风机检修更换过程中，需要控制好以下关键工艺：

（1）拆电机前标记电源相序，装电机前检查电源相序是否准确。

（2）清扫定子、转子、前后端盖和叶片。

（3）检查叶片与托板的铆接应牢固，叶片角度应一致并调整合适，动垫圈锁紧，叶片与导风筒间应有1～3mm的间隙。

（4）安装完成后进行调试，拨动叶轮转动灵活，测量定子绕组的绝缘电阻，应大于0.5MΩ；测量绕组的直流电阻，三相互差不超过2%；检查电源熔丝或热继电器配置合理后，通入交流电源，运行5min以上，试运转风机转动平稳，转向正确，无异声，三相电流基本平衡。

【缺陷处置】

冷却装置的缺陷性质、现象、分类及处理原则见表2-4。

表2-4　冷却装置的缺陷性质、现象、分类及处理原则

序号	缺陷性质	缺陷现象	缺陷分类	处理原则
1	渗油	有轻微渗油，未形成油滴	一般	优先安排带电处理。需停电处理时，运检跟踪
2	漏油	漏油速度每滴时间不快于5s，且油位正常	一般	优先带电处理。需停电处理时，跟踪并缩短运检周期，重点检查油位情况
		漏油速度每滴时间快于5s，且油位正常	严重	先进行带电应急处置。需停电处理时，进行油位监控，应尽快安排停电处理
		漏油形成油流，漏油速度每滴时间快于5s，且油位低于下限	危急	应立即启动主变压器停电应急措施：带电补油，隔离油流，负荷转移，停电处理等
3	冷却器故障	故障数少于冷却器总数的1/3，未造成主变压器油温明显上升	一般	带电处理或结合检修处理
		故障数达到冷却器总数的1/3及以上，将引起主变压器油温明显上升	严重	尽快安排不停电或停电处理
		冷却器全停	危急	应立即启动冷却器全停应急处置方案

续表

序号	缺陷性质	缺陷现象	缺陷分类	处理原则
4	冷却器切换试验无法进行	冷却器交流总电源无法进行切换	严重	马上安排处理
		单组冷却器无法进行切换	一般	尽快安排处理
5	冷却器电源故障	冷却器Ⅰ段电源故障或Ⅱ段电源故障	严重	马上安排处理
6	潜油泵故障	潜油泵电机故障、声音异常、振动等（仍有备用潜油泵组）	一般	停运该组冷却器，尽快安排处理
		潜油泵电机故障、声音异常、振动等（没有备用潜油泵组）	严重	停运该组冷却器，马上安排处理
7	潜油泵渗油	非负压区渗油	一般	优先安排带电处理。需要停电处理的，跟踪其渗漏油情况
		负压区渗油	危急	停运该组冷却器，马上安排处理
8	风扇故障	风扇停转、风扇电机故障等；故障数达到风扇总数的1/3及以上，将引起主变压器油温明显上升	严重	马上安排处理
		风扇风叶碰壳、脱落、破损或声音异常；故障数量少于风扇总数的1/3，未造成主变压器油温明显上升	一般	尽快安排处理
9	油流继电器	指示方向指示相反或无指示	一般	查明原因，尽快处理
10	散热片管严重污秽	同等负荷、环境温度情况下，油温明显高于历史值10℃以上	严重	马上安排带电水冲洗等措施
11	散热片管锈蚀	轻微锈蚀或漆层破损	一般	安排带电处理
		严重锈蚀	严重	安排停电处理
12	控制箱空气开关	单组冷却器分路电源空气开关合不上	一般	安排处理
		总电源空气开关合不上	严重	尽快安排处理
13	控制箱指示灯	指示灯不亮	一般	安排处理
14	控制箱光字牌	光字牌不亮	一般	安排处理
15	控制箱外壳锈蚀	外壳锈蚀	一般	安排处理
16	控制箱密封不良	封堵不严或密封圈老化	一般	安排处理

续表

序号	缺陷性质	缺陷现象	缺陷分类	处理原则
17	控制箱受潮	控制箱内部各元件表面有潮气或凝露	严重	马上安排处理
18	控制箱进水	未造成直流接地、回路短路、元器件进水等	严重	马上安排处理
		造成直流接地、回路短路、元器件进水等	危急	马上安排处理
19	加热器损坏	加热器电源失去、自动控制器损坏、加热电阻损坏等	一般	安排处理

【典型案例】

散热器表面腐蚀渗油

1. 案例描述

某220kV变电站值班员在巡视时发现，♯1主变压器4号散热器上粘贴标识牌处的下方有渗漏油痕迹，标识牌上方无明显痕迹，现场情况如图2-26所示，运维人员汇报缺陷后检修人员赴现场进行处理。

图2-26 散热器表面渗油现象

2. 原因分析

经现场检查发现，渗漏油痕迹均位于主变压器标识牌下方，标识牌上方无渗漏油现象。检修人员将标识牌取下后发现，标识牌后方散热器上已有明显渗漏点，经分析应是标识牌所用的胶水具有腐蚀性，长期运行后散热器表面被腐蚀，出现渗漏现象。

3. 防控措施

（1）对已渗漏的散热器用专业胶水进行封堵，防止渗漏。若封堵无法堵住渗漏油，则对变压器进行停电更换散热器片处理。

（2）对含标识牌的变压器进行处理，将安装在散热器上的标识牌取下后，对该部位进行检查，无渗漏点后喷涂防腐漆。

（3）后续新安装的变压器不再采用散热器直接粘标识牌操作。

（4）加强变压器巡视工作，若散热片各部位出现渗漏油现象应及时汇报处理。

任务七　压力释放装置运维检修

【任务描述】

本任务主要讲解压力释放阀的结构、工作原理、专业巡视及检修要点。通过讲解压力释放阀的知识以及专业巡视及检修要点，使读者熟悉压力释放阀的相关知识和质量标准，掌握压力释放阀的巡视内容和检修工艺。

【技能要领】

一、压力释放阀的工作原理和结构

压力释放阀是保护变压器油箱过压力的安全装置，避免油箱变形或爆裂。当变压器正常运行时，压力释放阀的膜盘压紧在密封胶圈及侧胶圈上。当油浸式变压器内部发生事故时，油箱内的油被气化，产生大量气体，使油箱内部压力急剧升高，其作用于膜盘上超过弹簧所设定的开启压力时，膜盘向上移动。当膜盘稍许离开密封胶圈时，变压器内部压力迅速冲向侧胶圈，从而在侧胶圈的圈面上产生很大的力，使膜盘极快地打开。释放阀在 2ms 内迅速开启，使油箱的压力很快降低，变压器内部压力迅速降低到正常值，弹簧使工作盘回到密封位置并可靠关闭，这样可有效防止外部空气、水气及其他杂质进入油箱。

压力释放阀结构示意及实物图如图 2-27 所示。图中：标志杆（黄色）能够指示压力释放阀是否动作过，微动开关的作用为输出信号。

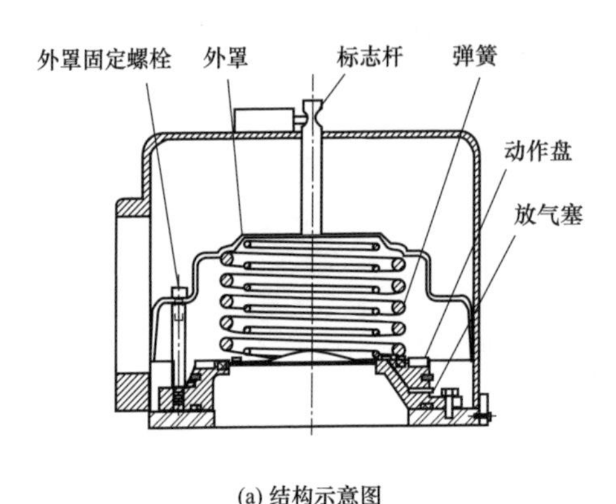

(a) 结构示意图

(b) 实物图

图 2-27 压力释放阀结构示意图及实物图

二、压力释放阀的专业巡检要求

（1）外观完好，无渗漏、喷油现象。

（2）导向装置固定良好，方向正确，导向喷口方向正确。

（3）接线盒电缆引出孔应封堵严密，出口电缆应设防水弯，电缆外护套最低点应设排水孔。

三、压力释放阀的专业检修要求

压力释放阀的检修工艺和质量标准如下：

（1）从变压器上拆下的压力释放阀零件应妥善保管，孔洞用盖板封好。

（2）清扫护罩和导流罩，清除积尘，保持清洁。

（3）检查各部分的连接螺栓及压力弹簧，各部分的连接螺栓及压力弹簧应完好，无锈蚀及松动。

（4）进行动作试验，开启和关闭压力应符合规定。

（5）检查微动开关动作是否正确，触点是否接触良好，信号是否正确。

（6）更换密封胶垫，密封应良好且不渗油。

（7）升高座如无放气塞应增设，防止积聚气体因温度变化而发生误动。

（8）检查二次电缆，连接应无损伤，封堵完好。

在进行更换压力释放阀的工作中，要注意以下内容：

（1）压力释放阀需经校验合格后方能安装。

（2）按照原位安装，依次对角拧紧安装法兰螺栓。

（3）安装完毕后，打开放气塞排气。

（4）拆装前后应确认蝶阀位置正确。

【缺陷处置】

压力释放阀的缺陷性质、现象、等级分类及处理原则见表 2-5。

表 2-5　　压力释放阀的缺陷性质、现象、等级分类及处理原则

序号	缺陷性质	缺陷现象	缺陷分类	处理原则
1	渗油	有轻微渗油，未形成油滴	一般	优先安排带电处理。需要停电处理的，跟踪渗漏情况
2	漏油	漏油速度每滴时间不快于 5s，且油位正常	严重	优先安排带电处理。需要停电处理的，跟踪渗漏情况，根据油位情况安排停电处理
		漏油速度每滴时间快于 5s	危急	启动主变压器停电应急措施：带电补油，隔离油流，负荷转移，必要时停电处理等
3	喷油	运行中喷油（漏油引起）	危急	启动主变压器停电应急措施：负荷转移，停电检查
4	动作	压力释放动作（并喷油）	危急	启动主变压器停电应急措施：负荷转移，停电检查
5	接点发信	接点发信，未查明原因	严重	尽快查明原因，并安排处理
6	接点发信	接点发信，查明非主变原因	一般	优先带电处理，结合停电检修

任务八　气体继电器的运维检修

【任务描述】

本任务主要讲解气体继电器的作用原理和结构类型、运行维护及专业检修要求。通过讲解气体继电器的结构，使读者熟悉气体继电器的运检特性与检修要点，掌握气体继电器的运检内容和专业检修工艺。

【技能要领】

一、气体继电器的工作原理和类型结构

1. 工作原理

气体继电器是变压器的主要保护装置，安装在变压器油箱与储油柜的连接管上。气体继电器的两种状态如图 2-28 和图 2-29 所示。

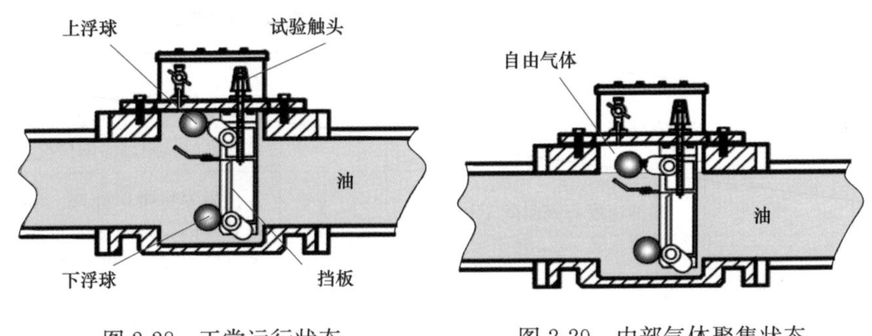

图 2-28 正常运行状态　　图 2-29 内部气体聚集状态

当变压器内部发生故障时，会有放电现象，绝缘材料和绝缘油分解，产生油流和气体。检测气体及油流涌速的气体继电器将内部故障分为轻瓦斯故障与重瓦斯故障。下面以双浮球结构为例，介绍其工作原理。

当主变压器内部发生局部过热、绝缘老化、局部少量放电等故障时会产生一定的气体，气体进入继电器迫使继电器上浮子下降。当浮子至某一限定位置时，浮子上的磁铁与干簧接点接触，使信号接点接通，发出轻瓦斯报警信号，如图 2-30 所示。

当主变压器内部发生线圈短路、高能量放电等严重故障，会产生大量气体造成油流涌动，油流冲击继电器下浮子。挡板到某一限定位置时，挡板上的磁铁与干簧接点接触，发出重瓦斯跳闸信号并切断电源，如图 2-31 所示。

当主变压器漏油，油面下降，上浮子先下降，发轻瓦斯报警信号。继续渗漏时，下浮子再下降，重瓦斯跳闸，如图 2-32 所示。

2. 类型结构

结构特点：开口杯、浮球、挡板、干簧管等组合不同型式（挡板式、双浮球、单浮球等）结构简单，动作迅速、灵敏、可靠。图 2-33 和图 2-34 给出了瓦斯继电器的结构图和实例图。

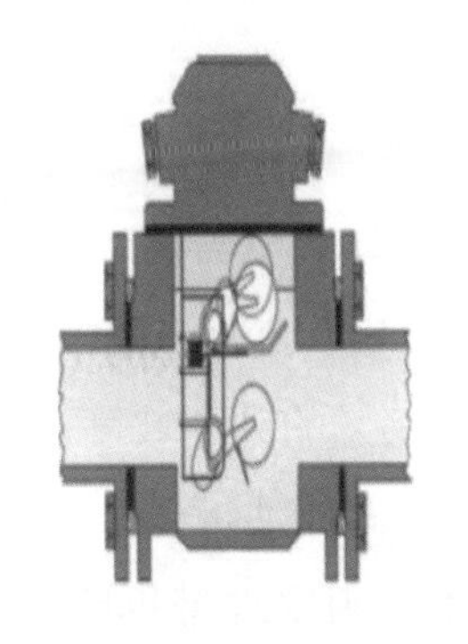
图 2-30 轻瓦斯

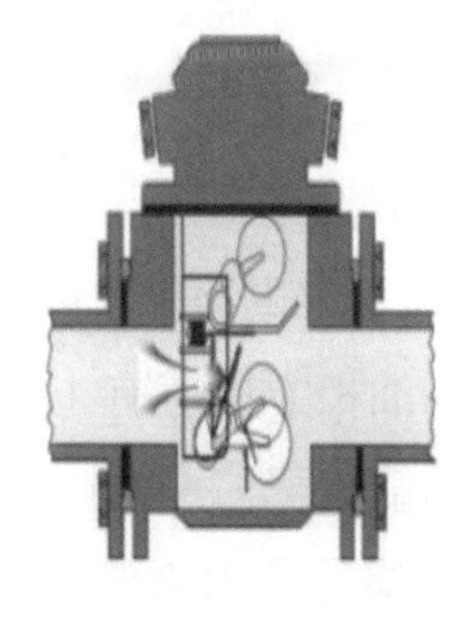
图 2-31 重瓦斯

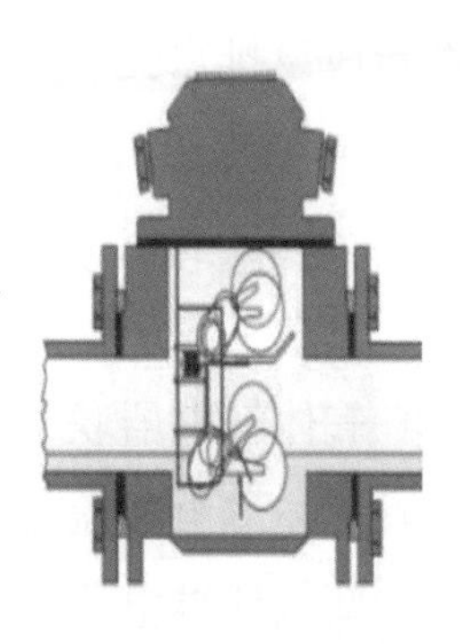
图 2-32 油位过低

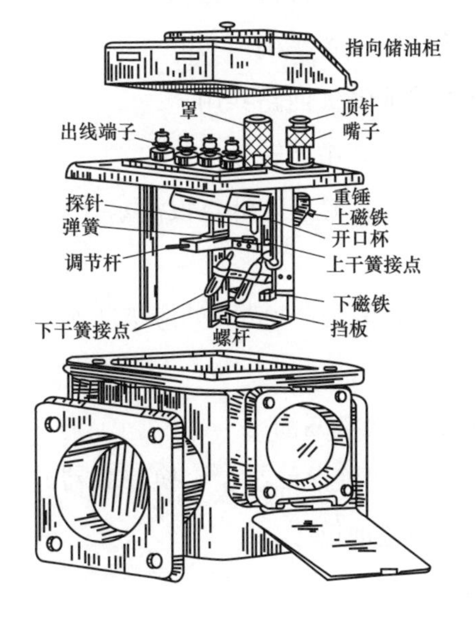

图 2-33 气体继电器结构图

图 2-34 气体继电器结构实例图

二、气体继电器的运检维护

1. 气体继电器专业巡检要求

（1）外观密封良好，无破损、渗漏，正常运行时气体继电器内部充满变压器油，无气体。

（2）防雨罩完好（户外变压器需用）。

（3）集气盒外观完好，无渗漏。

（4）接线盒电缆引出孔应封堵严密，出口电缆应设防水弯，电缆外护套最低点应设排水孔。

2. 气体继电器运检维护要求

（1）220kV 及以上变压器应选用双浮球结构的气体继电器。

（2）真空有载分接开关的气体继电器应具备容积（轻）流速（重）保护。

（3）气体继电器联管朝储油柜方向应有 1%～1.5%的升高坡度。

（4）气体继电器盖板上的箭头标志应清晰，并指向储油柜。

（5）新气体继电器安装前检查：内部螺栓紧固，固定绑带拆除，节点应动作正常（特别是干簧管情况，二次线情况检查到位），密封良好，检查后需用干净变压器油冲洗，拆装前后应确认蝶阀位置正确。

（6）二次回路应使用单独电缆，不得与其他电气回路共用。

（7）气体继电器至本体端子箱的电缆不宜设有中间转接。

（8）二次电缆与继电器间应封堵良好，电缆护套应在低点设滴水孔。

（9）引出电缆不得高于电缆出线盒。

（10）应装设防雨罩，继电器本体及二次电缆进线 50mm 处应被防雨罩遮蔽，防雨罩 45°向下使雨水不能直淋。

（11）安装后应放尽内部气体，外部检查应无渗漏油。

（12）重瓦斯保护改信号工作包含但不限于更换潜油泵、更换呼吸器硅胶、更换净油器的吸附剂以及打开放气阀或调整油位等。

三、气体继电器专业检修

1. 气体继电器例行检修注意事项

（1）更换前需关闭储油柜至气体继电器的油管阀门。

（2）切断继电器直流电源，断开继电器二次连接线，并进行绝缘包扎处理。

（3）准备好工作所需的材料及工器具，如登高器具、无水乙醇、棉纱等。

2. 气体继电器检修工艺和质量标准

(1) 气体继电器应校验合格后安装。

(2) 气体继电器上的箭头应朝向储油柜。

(3) 复装时确保气体继电器不受机械应力，密封良好，无渗油。

(4) 气体继电器应保持基本水平位置，波纹管朝向储油柜方向应有1%～1.5%的升高坡度，继电器本体及接线盒应有防雨罩或有效的防雨措施。

(5) 调试应在注满油并连通油路的情况下进行，打开气体继电器的放气小阀排净气体，通过按压探针发出重瓦斯和轻瓦斯信号，气体继电器应正确动作并能正常复归。

(6) 连接二次电缆应无损伤、封堵完好。

(7) 拆装前后应确认蝶阀位置正确。

【缺陷处置】

气体继电器的缺陷性质、现象、等级分类及处理原则见表2-6。

表2-6 气体继电器的缺陷性质、现象、等级分类及处理原则

序号	缺陷性质	缺陷现象	缺陷分类	处理原则
1	渗油	漏油速度每滴时间不快于5s	严重	尽快安排处理，需要停电处理的，需跟踪渗漏油情况，视油位情况安排停电处理
2	漏油	漏油速度每滴时间快于5s	危急	马上安排处理，并启动主变压器紧急停电应急措施
3	轻瓦斯发信	轻瓦斯发信	严重	分析原因，停电取气样及油样，根据检查情况安排检查试验等
4	重瓦斯动作	重瓦斯动作	危急	立即启动重瓦斯动作应急预案
5	防雨措施破损	防雨措施破损，无法起到防雨功能	严重	尽快安排处理

【典型案例】

一、气体继电器取气管渗漏油

1. 案例描述

某变电站综合检修时发现，本体气体继电器连接取气导管口处出现渗漏油，需及时进行更换，导管渗漏如图 2-35 所示。

2. 原因分析

导管密封不良，材质老化造成渗漏。

3. 防控措施

综合检修时应专门进行检查，防止渗漏持续发生。

二、气体继电器动作跳闸

1. 案例描述

某变电站出现主变压器非故障跳闸事件，经过排查发现，气体继电器二次接线盒内部进水，造成接点短路跳闸，内部进水如图 2-36 所示。

图 2-35 取气导管渗漏

图 2-36 接线盒进水

2. 原因分析

接线盒密封不良，防雨罩未按照规定安装，应以可以遮挡斜 45° 雨水为宜。

3. 防控措施

主变压器投运前应检查气体继电器接线盒安装情况，密封是否良好，必要时使用玻璃胶密封，安装防雨罩。

任务九 吸湿器的运维检修

【任务描述】

本任务主要讲解吸湿器的作用原理和结构类型、运行维护及专业检修要求。通过讲解吸湿器的结构，使读者熟悉吸湿器的运检特性与检修要点，掌握吸湿器的运检内容和专业检修工艺。

【技能要领】

一、吸湿器的作用原理和结构

1. 作用原理

吸湿器又称呼吸器，是油浸式变压器所使用的空气净化装置，安装在储油柜的进气口上。变压器在运行中，因油温变化而使油面产生变化时，进入储油柜的空气经吸湿器净化，可有效地滤除空气中的杂质和水分，以保持变压器油的清洁和绝缘强度。呼吸器呼气示意如图 2-37，呼吸器吸气示意如图 2-38 所示。

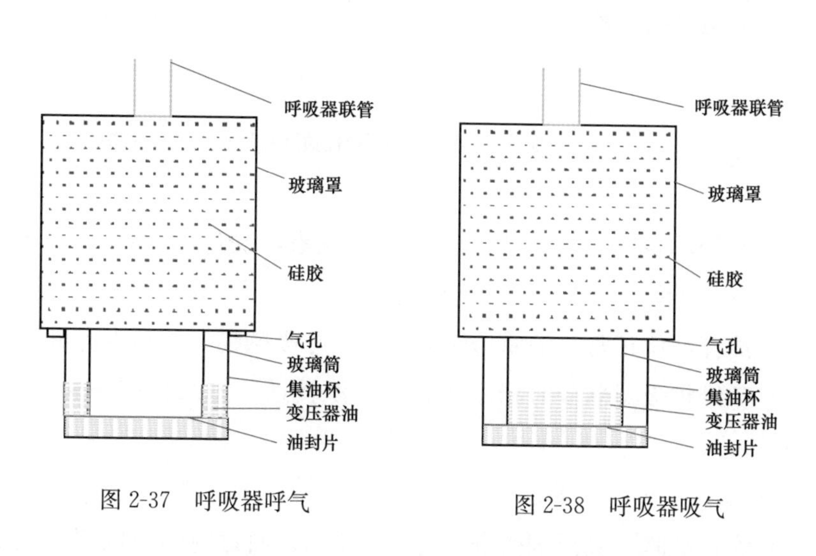

图 2-37　呼吸器呼气

图 2-38　呼吸器吸气

2. 类型结构

目前国内普遍使用的四种类型呼吸器特点如下：

第一种：油杯不透明，不便于观察油杯油位。

第二种：油杯透明，方便观察油杯油位。

第三种：油杯透明，方便观察油杯油位，并留有硅胶颗粒注入、释放口，便于更换硅胶，还采取了相应的防护结构。

第四种：免维护型，功能自动控制，无需更换硅胶，使用寿命长。

四种呼吸器实物如图 2-39 所示。

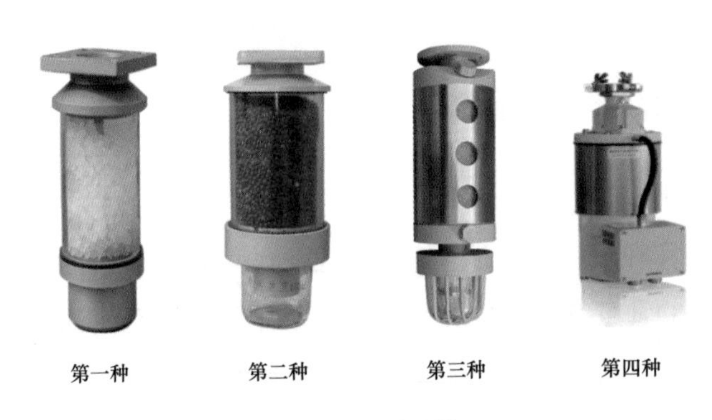
第一种　第二种　第三种　第四种

图 2-39　呼吸器

二、吸湿器的运检维护

1. 吸湿器专业巡检要求

（1）外观密封良好无破损，干燥剂不出现自上而下、中间部分变色的情况。

（2）硅胶不被油浸润，无碎裂、粉化现象，变色不超过 2/3，颗粒直径 3～5mm，且留有 1/6～1/5 空间。

（3）油杯油位正常，油质透明无浑浊，呼吸顺畅，油杯内有可见气泡。

（4）免维护吸湿器信号指示正常，电源接通，排水孔应畅通，加热器正常。

2. 吸湿器运检维护要求

（1）维护缺陷。吸湿剂受潮变色超过 2/3、油封内的油位超过上下限、吸湿器玻璃罩及油封破损时应及时维护。当吸湿剂从上部开始变色时，应立即查明原因，并及时处理。

（2）基本安措。拆卸吸湿器或更换吸湿剂期间，应将相应重瓦斯保护改投信号。对于有载分接开关吸湿器，还应联系调控人员将 AVC 调档功能退出。

（3）技术要求。同设备采用同一种变色吸湿剂，颗粒直径 3～5mm，留有 1/5～1/6 空间。油封内的油量合适，小油杯干净，油质透明无浑浊；整体密封完好，维护后应观察呼吸是否顺畅且油杯内有无可见气泡，以保证呼吸正常。

三、吸湿器专业检修

1. 吸湿器例行检修注意事项

（1）不停电工作与带电设备应保持足够的安全距离。

（2）应在天气晴好时工作，特别是更换开放式油柜的呼吸器时更要注意天气情况。

（3）运行中进行更换硅胶、吸湿器、拆卸油杯等作业，重瓦斯保护改投信号。

（4）准备好工作所需的材料及工器具，如登高器具、无水乙醇、棉纱等。

（5）在工作前，特别是拆卸前应观察吸湿器的呼吸情况。

（6）拆卸中需有专人扶持，以防止吸湿器滑落损坏。

2. 吸湿器的检修工艺和质量标准

（1）将吸湿器从变压器上卸下，倒出内部硅胶，检查玻璃罩是否完好，并进行清扫。玻璃罩应清洁完好。

（2）把干燥的无钴变色硅胶装入吸湿器内，并在顶盖下面留出 1/5～1/6 高度的空隙。新装吸湿剂应干燥，颗粒不小于 3mm。

（3）更换密封垫，密封垫压缩量为 1/3（胶棒压缩 1/2）。

（4）油杯注入干净的变压器油，加油至正常油位线，油面应高于呼吸管口。

（5）若为新装吸湿器，应将内口密封垫拆除，并检查吸湿器呼吸是否畅通。

（6）为防止吸湿器摇晃，可用卡具将其固定在变压器油箱上。运行中吸湿器应安装牢固，不受变压器振动影响。

(7) 吸湿器的外形尺寸及容量应根据实际需求采用合适的类型。

(8) 免维护吸湿器电源应完好，加热器应正常，启动定值小于RH60%或按厂家规定。

【缺陷处置】

吸湿器的缺陷性质、现象、等级分类及处理原则见表 2-7。

表 2-7 吸湿器的缺陷性质、现象、等级分类及处理原则

序号	缺陷性质	缺陷现象	缺陷分类	处理原则
1	堵塞	负荷或环境温度明显变化下，呼吸器较长时间不呼吸	危急	紧急处理，重瓦斯改信号，必要时停运主变压器
2	玻璃破损	硅胶桶玻璃破损，引起硅胶变色加速	一般	不停电处理，尽快更换
3	干燥器损坏	硅胶罐干燥器损坏	一般	不停电处理，尽快更换
4	硅胶潮解	变色部分超过总量的 2/3	一般	不停电更换硅胶
5	硅胶变色	硅胶潮解全部变色或硅胶自上而下变色	严重	立即查明原因并处理，更换硅胶
6	油封玻璃破损	油封玻璃破损，油封油渗漏	一般	更换油封玻璃
7	油封油过多	呼吸器油封油位超过最高线	一般	调整油封油位
8	油封油过少	呼吸器油封油位低于最低线	一般	调整油封油位

任务十 温度计的运维检修

【任务描述】

本任务主要讲解变压器的测温装置，以及各类型测温装置的结构特征、工作原理、运行维护及专业检修要求。通过讲解温度计的结构，熟悉其运检特性与检修要点，掌握温度计日常运检内容和专业检修工艺。

【技能要领】

一、温度计结构及类型

温度计的作用是测量变压器绕组温度及油箱上层油温，控制冷却系统

投切，为油位提供依据，远程监控变压器运行。

压力式温度计主要由压力包（弹性元件为波纹管）、毛细管、温包组成。温包中包含液体介质和固体热敏电阻（Pt）两种介质。配置两个压力式温度计：一个正常使用，另一个备用，可以根据需要选购，如图 2-40 所示。

(a)压力式温度计外表盘

(b)压力式温度计6接点回路接线实物图

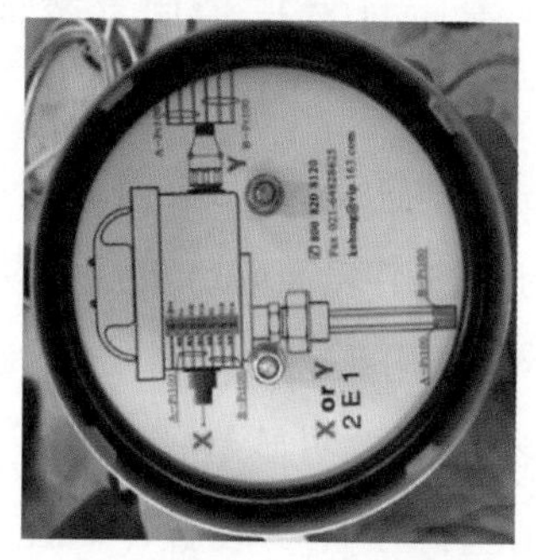

(c)压力式温度计二次接线原理图

(d)压力式温度计二次接线实物图

图 2-40　压力式温度计

温度计类型有绕组温度计、油面温度计、电阻温度计、水银温度计、压力式温度计等。

温度计动作原理及整定：

一般变压器的主要绝缘是 A 级绝缘，规定最高使用温度为 105℃，变压器的上层油温一般不超过 95℃。上层油温如果超过 95℃，变压器绕组的温度就要超过绝缘介质的耐热强度，从而加速绝缘介质老化。

温度计上的刻度可以整定，如图红色标记整定45℃，用于风机返回停止；蓝色标记整定55℃，用于风机启动；绿色标记整定80℃，用于告警；黄色标记整定105℃，用于跳闸。

当变压器油发生变化时，温包内的液体介质体积随着线性变化，其体积增量通过毛细管的传递使波纹管产生一个对应的线性位移量。这个位移量经机构放大后便可以指示被测变压器的油温；同时，热敏电阻随温度的变化而做线性变化，通过电流大小来表征温度，送至后台监控。

二、温度计的运检维护

1. 温度计专业巡检要求

（1）外观。顶层温度计、绕组温度计外观应完好、温度指示正常，温度计表面玻璃或其他透明材料应保持光洁透明，密封良好，无进水、凝露，各零部件的保护层应牢固。

（2）管道。温度计的温包和毛细管应具有保护层（弯曲半径大于75mm）。

（3）防护。温度计的防雨措施应完好，防雨罩无破损及松动，有机玻璃无模糊、开裂等现象，温度计本体与二次电缆50mm处应被防雨罩遮蔽。

（4）温度指示。主变压器每一组油温均正常，各组之间误差不超过5℃，且均在正常温度限制以下，冷却器温度无明显差异。

（5）信号通信。现场温度计、控制室温度显示装置、监控系统温度均有数值且数值正确，三者温度基本保持一致，误差一般不超过5℃。

2. 温度计运检维护要求

（1）维护缺陷。运行中若发现温度计，表面玻璃破裂模糊、温度指示异常、指针在满刻度外、红黑指针位置异常、接点信号故障等，应及时进行更换处理；若发现罩壳破损松动、有机玻璃模糊开裂等现象，也应及时进行罩壳的维护更换。

（2）基本安措。更换温度计时，应将直流电源隔离，更换过程中与带电设备应保持足够的安全距离。

（3）技术要求。更换温度计前应先对温度计进行检查和校验，外观无破损、温度校验正常、指针指示正确方可更换。安装温度计时温包应全部插入有油的座套内，且密封良好。安装位置应能确保运检人员可以清晰地看到油温指示，毛细管盘的弯曲半径不少于75mm，并不得扭曲、损伤和变形。安装完成后装设防雨罩，继电器本体及二次电缆进线50mm处应被防雨罩遮蔽，45°向下雨水不能直淋。

三、温度计专业检修

1. 温度计例行检修注意事项

（1）根据安全距离确定是否需停电工作，工作中注意与带电设备保持足够的安全距离。

（2）更换温度计过程中，应使用安全带，禁止上下抛掷物品。

（3）做好二次隔离工作，验明无电后方可进行拆除、更换温度计的工作。

2. 温度计的检修工艺和质量标准

（1）更换温度计前，温度传感器无损伤、变形，测温电阻完好无损伤，温度计内无水气，螺丝、触点无锈蚀，触点和端子的绝缘电阻值应大于0.5MΩ。

（2）更换前对温度计进行校验，合格后安装。检查温度设置是否准确，二次电缆连接应完好，温度偏差为全刻度±1.0℃，报警触点、风扇启动触点（启动和返回）可正确动作。

（3）更换电阻温度计时应进行调试，采用温度计附带的匹配元器件，并保证与远方信号一致。

（4）更换过程中，温度计座内应清洁，注满变压器油，测温元件插入后应拧紧塞座，要有防雨措施，密封无渗漏。

（5）金属细管不宜过长，冗余部分应按照大于75mm的弯曲半径盘好并妥善固定，不得扭曲损伤。

（6）二次电缆连接应无损伤、封堵完好，并做好完备的防雨措施，二次电缆进线50mm处应被防雨罩遮蔽，防雨罩45°向下使雨水不能直淋。

【缺陷处置】

温度计的缺陷性质、现象、分类及处理原则见表 2-8。

表 2-8　温度计的缺陷性质、现象、分类及处理原则

序号	缺陷性质	缺陷现象	缺陷分类	处理原则
1	指示不正确	与实际温度差值大于等于 5°但小于 10°，指示可变化	一般	安排不停电检查处理。需要停电处理的，先跟踪温度，根据发展情况安排
		与实际温度差值大于等于 10°或无指示变化	严重	马上安排不停电处理。需要停电处理的，应尽快安排停电处理
2	现场与监控系统温度不一致	现场与监控指示相差大于等于 5°但小于 10°	一般	安排不停电检查处理
		现场与监控指示相差大于等于 10°	严重	马上安排不停电处理。需要停电处理的，应尽快安排停电处理
3	指示	指示看不清	一般	安排不停电处理
4	外观	外观出现破损	一般	安排不停电处理
5	接点	接点发信	一般	尽快安排不停电检查处理

任务十一　在线滤油装置运维检修

【任务描述】

本任务主要讲解有载分接开关在线滤油装置的检修要点。通过检修要点的介绍，使读者熟悉在线滤油装置的质量标准，掌握其检查方法和检修工艺。

【技能要领】

一、在线滤油装置作用

变压器在线滤油装置主要用于变压器有载分接开关绝缘油的过滤。有

载分接开关切换油室内，由于电弧作用，绝缘油极易分解、老化并产生大量的游离碳和金属碎屑等，造成绝缘油击穿电压降低，介电性能变差等问题。在线滤油装置可将绝缘油中的游离碳和金属碎屑等过滤掉，延长绝缘油的使用寿命并保持其良好的绝缘特性。

有载分接开关在线滤油机由一台高性能油泵和两台过滤装置组成，油回路与有载分接开关切换室中的油成为一体，通过自动或手动控制，油从有载分接开关油室中抽出依次经过除杂滤芯、除水滤芯后再将绝缘油返回油室。整个过程都是密封闭路循环，没有残留空气。滤油前后油液对比如图 2-41 所示。

(a)在线滤油机过滤前

(b)在线滤油机过滤后

图 2-41 滤油前后油液对比

变压器在正常运行条件下，可以自动启动在线滤油装置，能有效地去除分接开关内油中的游离碳及金属颗粒，并可降低微量水分，确保油的击穿电压和使用寿命，有效提高安全性和可靠性，减少停电检修次数，延长维修周期。在线滤油机内部结构如图 2-42 所示。

二、在线滤油装置的运检维护

（1）为确保设备的使用寿命和运行安全，在初次运行的 1 周内应每日检查 1 次，1 周后应每月检查 2 次。主要检查系统是否有渗漏、异常的运转声音。

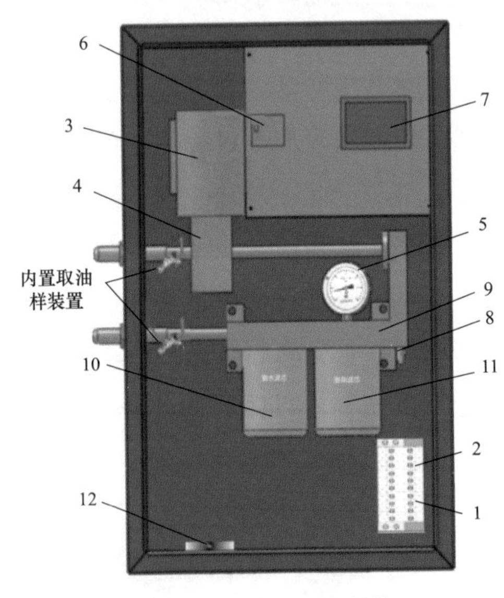

图 2-42 在线滤油机结构

1—信号输入（3～9）；2—信号输入（1～4）；3—电机；4—油泵；5—压力表；6—空气开关；7—触摸屏；8—压力开关；9—集成板；10—除水滤芯；11—除杂滤芯；12—排风风机

（2）日常维护包括补油、取样。

（3）当压差报警装置报警时必须及时更换相应的滤芯。

三、在线滤油装置的专业检修

1. 取油样操作

打开设备控制箱，先切断滤油设备的电源，打开取样阀，按取样操作要求取样。取样结束后关闭阀门，合上电源开关，关闭箱门。

2. 滤芯更换

在使用较长时间后，由于绝缘油中的碳化物、杂质、水分等阻塞了滤芯，当压力达到 0.15MPa 时，屏幕显示报警信号，提示需要更换滤芯。

切断滤油设备的电源，关闭切换油室进出油管的阀门，卸除在线净油装置箱壳，旋下滤芯；更换新密封圈，待换滤芯注满油后，旋上新滤芯；打开油室进出油阀，旋松放气溢油螺栓，逐个放气直至溢油。完成以上工作后，旋紧放气溢油螺栓，复装箱壳，恢复净油装置电源。

注意事项：

（1）待更换滤芯应干燥并密封包装处理，尤其是除水滤芯。

（2）如系统压力持续达到 0.2MPa 以上或含油水一直居高不下，即使未报警，也应及时查明原因，并排除故障，必要时可更换除杂滤芯或除水滤芯。

（3）更换滤芯后应检查分接开关气体继电器内是否有气体存在，若有明显积气应利用瓦斯放气装置把气体放尽。

【缺陷处置】

在线滤油装置的缺陷性质、现象、分类及处理原则见表 2-9。

表 2-9　　在线滤油器的缺陷性质、现象分类及处理原则

序号	缺陷性质	缺陷现象	缺陷分类	处理原则
1	漏油	漏油速度每滴不快于 5s	一般	带电处理
2	漏油	漏油速度每滴快于 5s	严重	必要时切除滤油机电源，关闭滤油器进出管路阀门
3	装置报警	装置报警	一般	检查处理
4	面板无显示	面板无显示	一般	检查面板，必要时更换
5	不能自动启动滤油工作	未按照装置预先设定的启动条件进行工作	一般	检查设置
6	滤芯压力过高	滤芯压力过高	严重	尽快更换滤芯
7	油泵故障	油泵故障	一般	退出在线滤油机，更换油泵
8	电源故障	电源故障	一般	检查测试
9	指示灯熄灭	指示灯熄灭	一般	检查测试

任务十二　断流阀（阀门）的运维检修

【任务描述】

本任务主要介绍变压器断流阀（阀门）的结构与基本原理、运行维护及专业检修要求。通过对断流阀（阀门）原理结构的讲解，使读者熟悉其运检特性与检修要点，掌握阀门日常运检内容和专业检修工艺。

【技能要领】

一、断流阀（阀门）的结构原理

阀门是变压器中流体输送的主要控制部件，具有截止、调节、导流、防止逆流等功能，主要用于开闭变压器中的管路，控制变压器油的流向、流速等。变压器中使用最多的为关断阀，一般分为球阀、蝶阀和闸阀三种。

球阀的启闭件一般为一个球体，球体绕阀体中心线旋转来实现开启和关闭。球阀一般有一个把手，只需旋转 90°就可实现开启与关闭的切换，其结构如图 2-43 所示。球阀具有流体阻力小、结构简单、紧密可靠、密封性

好、操作与维护方便、适用范围广等优点，常安装在变压器注放油口、在线监测取样口等位置。

蝶阀是一种结构简单的调节阀，其启闭件（阀瓣或蝶板）为圆盘，围绕阀轴旋转来实现开启与关闭，其结构如图 2-44 所示。蝶阀同样通过启闭件往复旋转 90°左右来实现开启关闭的切换，具有结构简单、体积小、重量轻、安装尺寸小、操作简便等优点，多用于变压器主油路需启闭控制的部位，如散热片与导油管连接部位、储油柜与气体继电器连接处等。

图 2-43 球阀结构图

图 2-44 蝶阀结构图

闸阀是一种启闭件闸板运动方向与流体方向相垂直的闸门，闸阀只能全开和全关，不能调节和节流，其结构如图 2-45 所示。闸阀具有流体阻力小、启闭省力、形体简单、结构紧凑等优点，但密封面易引起冲蚀和擦伤，维修比较困难。以前变压器上闸阀使用较多，目前已逐渐被其他阀门所取代。

图 2-45 闸阀结构图

二、断流阀（阀门）的运检维护

1. 断流阀（阀门）巡检要求

（1）外观。各类阀门外观应完好、指向标识与说明正常，阀门表面应光洁，无破损、进水及凝露，紧固螺丝无锈蚀及破损。

（2）渗漏油检查。各类阀门连接处应密封良好，密封圈受压均匀，阀门各部位无油珠、渗漏油现象。

（3）开启关闭指示。各类阀门的开启、关闭应正确，运行中的散热器蝶阀全部正常打开，变压器本体与储油柜连接阀门、在线监测油回路阀门等能正确开启。

（4）防护：蝶阀的防雨帽罩应完好无破损，螺丝无锈蚀。

2. 断流阀（阀门）维护要求

（1）维护缺陷。运行中若发现阀门密封处、放气塞附近或其他位置等有渗漏油现象时，应及时进行维护处理。

（2）基本安措。对阀门渗漏油进行维护处理时，应注意与带电设备保持足够距离，处理完成后保证阀门正常打开。

（3）技术要求。阀门渗漏油处理中，对压紧螺丝进行紧固的过程中应采取对角紧固的措施，保证密封圈压缩均匀、平整，且压缩量不能过大。若依靠压缩密封圈无法解决渗漏油问题，可采用胶水封堵。封堵时应将漏点油迹擦净，将封堵胶水均匀地涂在漏点附近，待其自然风干；若仍然无法解决渗漏问题，则对阀门进行检修更换工作。

三、断流阀（阀门）专业检修

1. 断流阀（阀门）检修更换注意事项

（1）与带电设备应保持足够的安全距离，根据安全距离确定是否需停电工作。

（2）工作应尽量选择在天气晴好的时间段进行，防止潮气进入变压器内。

（3）准备好充足的工器具与材料，如登高器具、无水乙醇，棉纱等。如需注放油，则应准备充足的变压器油与滤油机、电缆盘等材料。

（4）更换阀门的过程中，应使用安全带，禁止上下抛掷物品。

2. 断流阀（阀门）的检修工艺和质量标准

（1）阀门更换前，应将油位放至阀门所在水平位置以下，防止出现喷油。

（2）阀门更换前，检查阀门的转轴、挡板等部件是否完整、灵活和严密。同时对阀门进行校验，挡板关闭严密，无渗漏，轴杆密封良好，指示开、闭位置的标志清晰、正确后方可使用。

（3）在阀门更换过程中，更换各部位密封胶圈，包括放气螺栓的密封圈；密封垫位置应准确，以确保密封面平行和同心；依次对角拧紧安装法兰螺栓，使密封垫均匀压缩 1/3 左右（胶棒压缩 1/2）。

（4）阀门更换完毕后，对其开启关闭进行试验，以保证阀门开启、关闭功能完好，密封良好无渗漏。将阀门旋至开启位置，并安装防雨帽罩。

任务十三　油中溶解气体监测装置运维检修

【任务描述】

本任务讲解变压器在线油中溶解气体装置的原理、变压器油中溶解气体来源以及溶解气体色谱分析检测周期，对运行中的变压器油中溶解气体组分含量注意值及不同故障类型的产气特征进行介绍，通过改良三比值法对故障类型进行判别，使检修人员熟知在线油中溶解气体装置的处理措施。

【技能要领】

一、在线油中溶解气体装置简介

在线油中溶解气体装置采用色谱分析法，对油液中的溶解气体组分与水含量进行实时检测。溶解气体主要包括一氧化碳、氢气、甲烷和乙炔等，同时可以扩展监测二氧化碳。

二、变压器油中溶解气体来源及溶解气体色谱分析检测周期

1. 变压器油中溶解气体来源

（1）空气的溶解。变压器油中溶解气体的主要成分是空气，在

101.3kPa、25℃时，空气在油中溶解的饱和含量约为10%。

（2）绝缘油的分解。在热和电的作用下，绝缘油会发生氧化分解，生成氢气和低烃类气体，也可能生成碳的固体颗粒及碳氢聚合物。

（3）固体绝缘材料的分解。纸、层压板或木块等固体绝缘材料分子热稳定性比油弱，固体绝缘材料中的聚合物在温度高于105℃时开始裂解，在高于300℃时完全裂解和碳化，在生成水的同时生成大量的CO和CO_2及少量烃类气体和呋喃化合物。

（4）气体的其他来源。在某些情况下，有些气体可能不是设备故障造成的，例如油中含有水，可能与铁作用生成氢；新的不锈钢也可能在加工过程中或焊接时吸附氢而又慢慢释放到油中。

2. 变压器油中溶解气体色谱分析检测周期

（1）新设备及大修后的设备投运前应至少做一次检测，感应耐压和局部放电试验后应再做一次检测。

（2）新的或大修后的变压器和电抗器至少在投运后1天（仅对电压110kV及以上的变压器和电抗器）、4天、10天、30天各做一次检测，若无异常，可转为定期检测。

（3）运行中的定期检测周期如表2-10所示。

表2-10 运行中设备的定期检测周期

设备名称	设备电压等级或容量	检测周期
变压器和电抗器	电压330kV及以上	3个月1次
	容量240MVA及以上	
	所有发电厂升压变压器	
	电压220kV及以上	3个月1次
	容量120MVA及以上	
	电压66kV及以上	1年1次
	容量8MVA及以上	
	电压66kV及以下	自行规定
	容量8MVA及以下	
互感器	电压66kV及以上	1～3年1次
套管	—	必要时

三、运行中变压器油中溶解气体组分含量注意值及不同故障类型的产气特征

1. 运行中变压器油中溶解气体组分含量注意值

根据总烃、甲烷、乙炔、氢气含量的注意值进行判断，如表 2-11 所示。分析结果超过注意值标准的，表示设备可能存在故障。该方法只能粗略地表示变压器等设备内部可能有早期故障存在。

表 2-11 运行中变压器油中溶解气体组分含量注意值

设备名称		气体组分	含量（μL/L）	
			330kV 及以上	220kV 及以上
变压器、电抗器		总烃	150	150
		C_2H_2	1	5
		H_2	150	150
套管		CH_4	100	100
		C_2H_2	1	2
		H_2	500	500
设备名称		气体组分	含量（μL/L）	
			220kV 及以上	110kV 及以下
互感器	电流互感器	总烃	100	100
		C_2H_2	1	2
		H_2	150	150
	电压互感器	总烃	100	100
		C_2H_2	2	3
		H_2	150	150

2. 不同故障类型的产气特征

在运用注意值初步判断变压器内部可能存在的故障时，对照表 2-12，对设备的故障性质进行判断。

表 2-12 不同故障类型的产气特征

故障类型		主要成分	次要成分
过热	油	CH_4、C_2H_4	H_2、C_2H_6
	油、纸绝缘	CH_4、C_2H_4、CO、CO_2	H_2、C_2H_6

续表

故障类型		主要成分	次要成分
电弧放电	油	H_2、C_2H_2	CH_4、C_2H_4、C_2H_6
	油、纸绝缘	H_2、C_2H_2、CO、CO_2	CH_4、C_2H_4、C_2H_6
油、纸绝缘中局部放电		H_2、CH_4、CO	C_2H_2、C_2H_6、CO_2
油中火花放电		H_2、C_2H_2	—
进水受潮或油中气泡放电		H_2	—

四、改良三比值法的编码规则及故障类型判别方法

改良三比值法是采用五种气体的三对比值作为判断充油电气设备故障的依据。

改良三比值法的编码规则如表 2-13 所示。

表 2-13　改良三比值法的编码规则

气体比值范围	比值范围的编码		
	C_2H_2/C_2H_4	C_2H_4/H_2	C_2H_4/C_2H_6
<0.1	0	1	0
≥0.1～<1	1	0	0
≥1～<3	1	2	1
≥3	2	2	2

故障类型判别方法如表 2-14 所示。

表 2-14　故障类型判别方法

编码组合			故障类型判断
C_2H_2/C_2H_4	C_2H_4/H_2	C_2H_4/C_2H_6	
0	0	1	低温过热（低于 150℃）
	2	0	低温过热（150～300℃）
	2	1	中温过热（300～700℃）
	0，1，2	2	高温过热（高于 700℃）
	1	0	局部放电
1	0，1	0，1，2	低能放电
	2	0，1，2	低能放电兼过热
2	0，1	0，1，2	电弧放电
	2	0，1，2	电弧放电兼过热

【缺陷处置】

在线油中溶解气体装置的缺陷性质、现象、分类及处理原则见表 2-15。

表 2-15 在线油中溶解气体装置的缺陷性质、现象、分类及处理原则

序号	缺陷性质	缺陷现象	缺陷分类	处理原则
1	漏油	漏油速度每滴不快于 5s	一般	带电处理
2	漏油	漏油速度每滴快于 5s	严重	必要时切除电源，关闭进出管路阀门
3	装置报警	装置报警	一般	检查处理
4	检测数据超标	油中溶解气体检测数据超标（实际取样检测结果超标）	严重	重点关注主变压器运行情况，必要时停电检查
5	检测数据超标	油中溶解气体检测数据超标（实际取样检测结果合格）	一般	色谱装置检测
6	面板无显示	面板无显示	一般	检查面板，必要时更换
7	电源故障	电源故障	一般	检查测试
8	指示灯熄灭	指示灯熄灭	一般	检查测试

任务十四 分接开关运维检修

【任务描述】

本任务主要讲分接开关的运检和检修要点。通过介绍分接开关的结构、工作原理、运检和检修要点，使读者熟悉有载分接开关的检修质量标准，掌握其巡视维护的基本内容和检修工艺。

【技能要领】

一、分接开关的工作原理和分类

分接开关是改变变压器线圈有效匝数的机械装置，分为无载和有载两种。

无载分接开关在变压器无励磁情况下，通过手动或电动操作，由一个分接头转换到相邻另一分接头，以改变绕组的有效匝数，从而实现调压的目的。

有载分接开关是在变压器负载回路不断电的情况下，改变变压器绕组有效匝数的机械装置。它必须满足两个基本条件：切换过程中负载回路不开路、不短路。

有载分接开关工作电路由选择电路、过渡电路和调压电路三部分组成。其中，选择电路对应分接选择器，过渡电路对应切换开关或选择开关，调压电路是变压器绕组调压时所形成的电路。

1. 选择电路的工作原理

选择电路是为选择绕组分接头所设计的一套电路，其对应的元件是有载分接开关的分接选择器，选择电路示意图如图 2-46 所示。

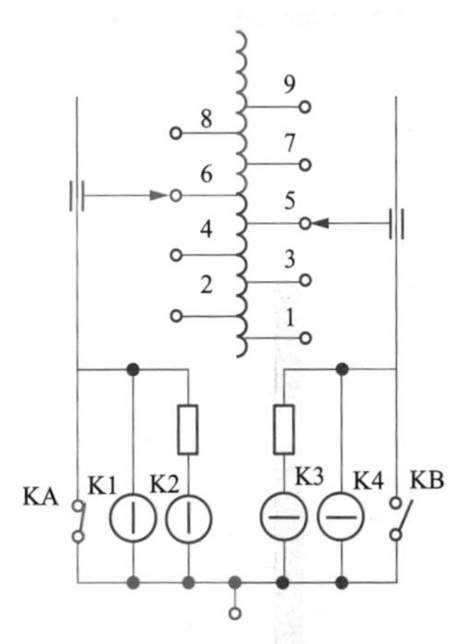

图 2-46　选择电路示意图

复合式有载分接开关直接在各个分接头上依次选择与切换。组合式有载分接开关的分接选择器设置单、双数触头组，并分别对应切换开关的单、双数侧。有载分接开关变换操作在两个转换方向上交替组合，如图 2-47 所示。

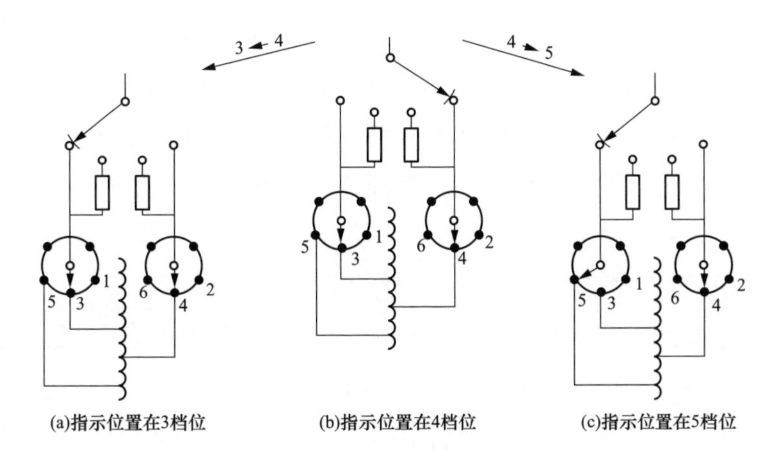

图 2-47　分接选择器动作顺序

2. 有载分接开关调压电路及整定工作位置

有载分接开关的三种基本调压电路如图 2-48 所示。有载分接开关在整定工作位置下总装、连接、调试后方能保证其工作的可靠性，一旦连接错位就会造成有载分接开关故障。有载分接开关的整定工作位置对指导有载分接开关的总装、连接、调试是非常重要的。不同规格的有载分接开关有不同的整定工作位置图，下面分别以线性调和正反调的调压电路为例来说明整定工作位置。

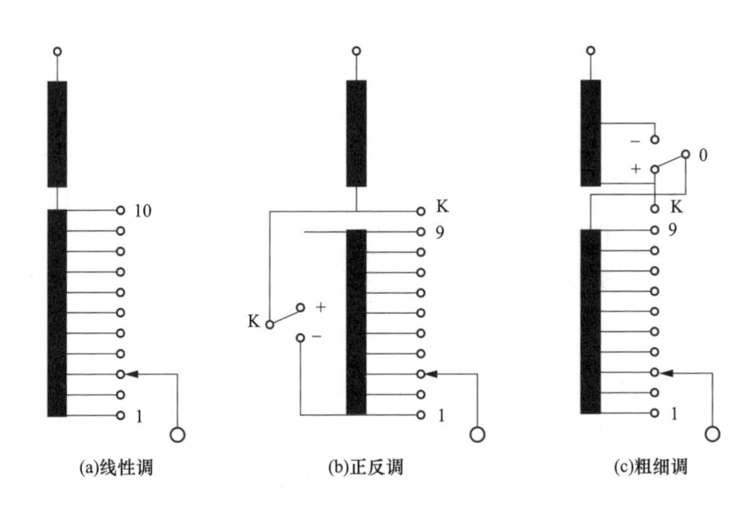

图 2-48 三种基本调压电路

（1）线性调压电路的整定工作位置。线性调压电路的整定工作位置就是分接选择器的固有分接位置数的中间位置，其调压级数等于分接头最大工作位置数。以 9 档有载分接开关为例，它的整定工作位置数是在“5”分接位置上。若线性调的调压电路有 n 级调压，其整定工作位置 $m=(n+1)/2$，并规定整定位置应在 $n\rightarrow 1$ 变换方向的第 m 位置上。其典型例子如图 2-49 所示。

（2）正反调压电路的整定工作位置。对于正反调的调压电路，整定工作位置就是分接选择器的工作位置数的中间位置。假定为 n 级调压，其中间位置数为 m，则整定工作位置数 $K=(n+m)/2$。例如：W10191W 调压电路中，n 为 19 级，m 为 1，K 必然是 10；而 10193W 调压电路，n 为 17

级，m 为 3，K 也等于 10。其典型调压电路及整定工作位置如图 2-50 所示。

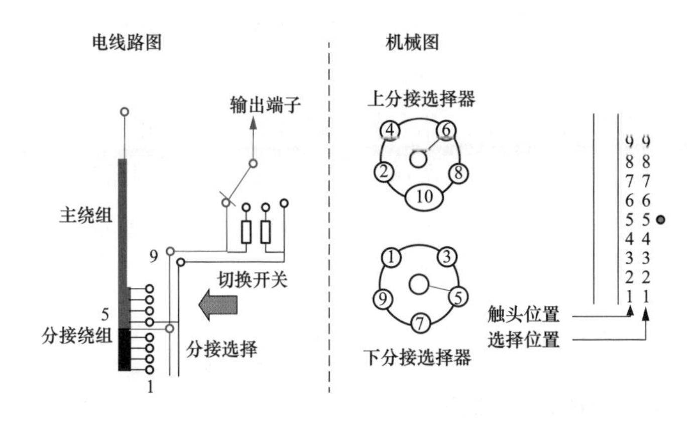

图 2-49　线性 10091 调压电路的整定工作位置图

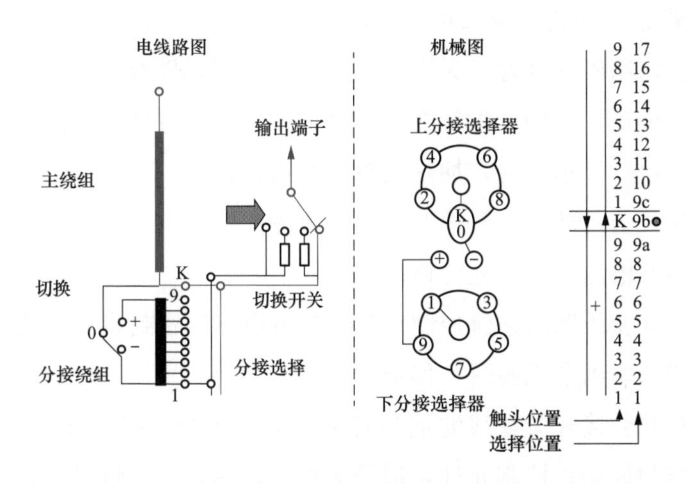

图 2-50　10193W 正反调压电路及整定工作位置图

3. 有载分接开关的类别

(1) 按整体结构分为组合式和复合式两种。组合式是切换开关和分接选择器功能独立，分步完成，即分接选择器触头是在无负载电流的状况下选择分接头之后，切换开关触头再进行切换，从而把负荷电流转换到已选的另一个分接头上。复合式是将分接选择器和切换开关功能结合在一起，其触头是在带负荷状况下一次性完成选择切换分接头任务的。

（2）按过渡阻抗分为电阻式和电抗式两种。目前国内生产的有载分接开关均为电阻式。

（3）按绝缘介质和切换介质分为油浸式和干式两大类，有油浸真空式、干式真空、干式 SF_6 和空气式等。

（4）按相数分为单相、三相和特殊设计的Ⅰ＋Ⅱ相。

（5）按调压方式分为线性调压、正反调压和粗细调压三种。

（6）按安装方式分为埋入式安装与外置式安装、顶部引入传动与中部引入传动、平顶式安装与钟罩式安装等方式。

（7）按触点方式分为有触点与无触点两种。

二、分接开关的运检维护

1. 有载分接开关的专业巡检要求

（1）机构箱密封良好，无进水、凝露，控制元件及端子无烧蚀发热。

（2）档位指示正确，指针在规定区域内，与远方档位一致。

（3）指示灯显示正常，加热器投切及运行正常。

（4）开关密封部分、管道及其法兰无渗漏油。

（5）储油柜油位指示在合格范围内。

（6）户外变压器的油流控制（气体）继电器应密封良好，无集聚气体，户外变压器的防雨罩无脱落、偏斜。

（7）有载分接开关在线滤油装置无渗漏，压力表指示在标准压力以下无异常噪声和振动；控制元件及端子无烧蚀发热，指示灯显示正常。

（8）冬季寒冷地区（温度持续保持零下）的机构控制箱与分接开关连接处的齿轮箱内应使用防冻润滑油并定期更换。

2. 无载分接开关的专业巡检要求

（1）密封良好，无渗漏油。

（2）档位指示器清晰、指示正确。

（3）机械操作装置应无锈蚀。

（4）定位螺栓位置应正确。

三、分接开关的专业检修

（一）有载分接开关检修

1. 安全注意事项

（1）检修前断开有载分接开关的控制、操作电源。

（2）拆接作业使用工具袋，防止高处落物。

（3）按厂家规定正确吊装设备，用缆风绳在专用吊点将吊绳绑好，并设专人指挥。

（4）严禁踩踏有载分接开关防爆膜。

2. 电动机构箱检修关键工艺质量控制

（1）机构箱密封与防尘情况良好。

（2）电气控制回路的各接点接触良好。

（3）机械传动部位连接良好，有适量的润滑油。

（4）电气和机械限位良好，升降档圈数符合制造厂规定。

（5）机构档位指针停止在规定区域内，与顶盖档位、远方档位一致。

（6）机构箱内加热器投切及运行正常。

3. 切换开关检修关键工艺质量控制

（1）在整定工作位置，小心吊出切换开关芯体。

（2）用合格的绝缘油冲洗管道及油室内部，清除切换芯体及选择开关触头转轴上的游离碳。

（3）紧固件无松动现象，过渡电阻及触头无烧损。

（4）快速机构的弹簧无变形、断裂。

（5）各触头编织软连接线无断股、起毛，触头无严重烧损。

（6）过渡电阻无断裂；直流电阻值与产品出厂铭牌数据相比，其偏差值不大于±10%。

（7）触头接触电阻应符合要求。

（8）绝缘筒完好，绝缘筒内外壁应光滑、颜色一致，表面无起层、发泡、裂纹或电弧烧灼的痕迹。

(9) 绝缘筒与法兰的连接处无松动、变形、渗漏油。

(10) 对于组装后的开关，检测动作顺序及机械特性应符合出厂技术文件的要求。

(二) 无载分接开关检修

1. 安全注意事项

应注意与带电设备保持足够的安全距离，准备充足的施工电源及照明。

2. 关键工艺质量控制

(1) 应先将开关调整到极限位置，安装法兰应做定位标记，三相联动的传动机构拆卸前也应做定位标记。

(2) 逐级手摇时应检查定位螺栓处在正确位置。

(3) 极限位置的限位应准确有效。

(4) 触头表面应光洁，无变色、镀层脱落及损伤，弹簧无松动；触头接触压力均匀、接触严密。

(5) 绝缘件、绝缘筒和支架应完好，无受潮、破损、放电、剥离开裂或变形，表面清洁、无油垢。

(6) 操作杆绝缘良好，无弯曲变形；拆下后，应做好防潮、防尘措施。

(7) 绝缘操作杆 U 形拨叉应保持良好接触。

(8) 复装时对准原标记，拆装前后的指示位置必须一致，各相手柄及传动机构不得互换。

(9) 密封垫圈入槽位置正确，压缩均匀，法兰面啮合良好、无渗漏油。

(10) 最好在注油前和套管安装前进行调试，应逐级手动操作。操作灵活无卡滞，观察和通过测量确认定位正确、指示正确、限位正确。

(11) 无励磁分接开关在改变分接位置后，必须测量使用分接位置的直流电阻和变比。

【缺陷处置】

有载分接开关的缺陷性质、现象、等级分类及处理原则见表 2-16。

表 2-16 有载分接开关的缺陷性质、现象、等级分类及处理原则

序号	缺陷性质	缺陷现象	缺陷分类	处理原则
1	内部渗油	正常时有载分接开关的油位应低于本体油位，如果接近本体油位则有可能由内渗引起，需检修人员综合判断	严重	先保持运行然后综合判断：本体取样，调整油位。必要时，停电检查
2	内部有异常声响	有载分接开关在非调节过程中发出异常声响	危急	立即停电检查
3	油耐压试验不合格	试验数据严重超标无法继续运行	危急	立即停电检查
		试验数据超标，可短期维持运行	严重	尽快安排检修，跟踪油样数据
		试验数据超标，仍可以长期运行	一般	跟踪油样数据，择期安排检修
4	动作特性、切换时间测量值不满足要求	试验数据严重超标，无法继续运行	危急	立即停电检查
		试验数据超标，可短期维持运行	严重	建议停止电动操作，尽快安排检修
		试验数据超标，仍可以长期运行	一般	跟踪试验
5	过渡电阻测量值不合格	试验数据严重超标，无法继续运行	危急	立即停电检查
		试验数据超标，可短期维持运行	严重	尽快安排检修
		试验数据超标，仍可以长期运行	一般	跟踪试验
6	操动机构拒动	传动轴脱落、卡涩、电源缺相、接触器故障、电机故障等	严重	立即停止机构操作，安排停电检查
7	滑档	调节过程中发生滑档现象	严重	停止电动操作，安排检查处理
8	调档时空气开关跳开	调档时空气开关跳开	严重	停止电动操作，安排检查处理
9	空气开关合不上	空气开关合不上	严重	停止电动操作，安排检查处理
10	计数器故障	指示无变化或变化错误	一般	安排消缺
11	机构密封不良	封堵不严或密封圈老化	一般	尽快安排消缺
12	机构箱进水受潮	元件表面有潮气或凝露	严重	马上安排消缺

任务十五 升高座的运维检修

【任务描述】

本任务主要介绍升高座的作用原理和结构类型、运行维护及专业检修要求。通过讲解升高座的结构，使读者熟悉升高座的运检特性与检修要点，掌握升高座的运检内容和专业检修工艺。

【技能要领】

一、升高座的作用原理和类型结构

1. 作用原理

变压器的升高座是将变压器内部的高、低压引线引到油箱的外部，从而增大套管头部的空气绝缘距离。它不但作为引线对地的绝缘，而且具有固定引线的作用，因此具有足够的电气强度和机械强度。升高座如图 2-51 所示。

(a)变压器上升高座位置

(b)升高座装设套管

(c)升高座实物图

图 2-51 升高座结构

2. 类型结构

升高座安装在变压器本体油箱上，既支撑和固定套管，内部还装入套管式电流互感器，供继电保护和电气仪表用，如图 2-52 所示。

变压器运行时升高座内部充满变压器油，因此法兰连接密封、升高座放气塞密封需保证良好。

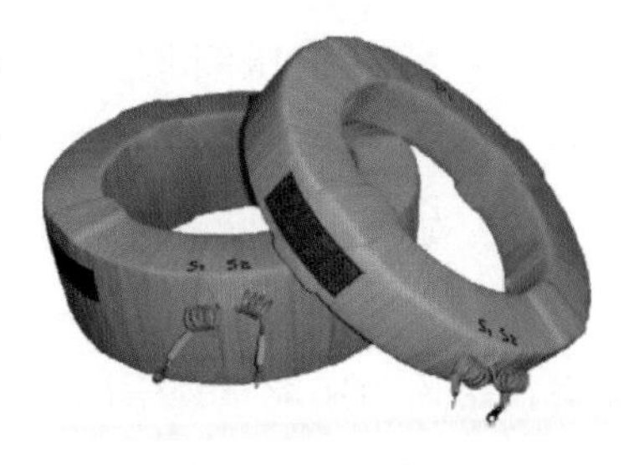

图 2-52 升高座内部电流互感器

二、升高座的运检维护

1. 升高座专业巡检要求

（1）外观应完好，无脏污、破损。

（2）升高座与本体油箱和套管的连接法兰应密封良好，无砂眼、渗漏；放气塞在升高座最高处，无渗漏。

（3）升高座法兰连接有等电位连接线。

2. 升高座运检维护要求

需维护的缺陷类型：升高座固定法兰、放气塞等处存在明显渗漏痕迹，无等电位连接线，法兰连接不紧密等。

升高座与变压器本体和套管直接连接，无法进行不停电检修处理。若观察或检测出现需检修的缺陷类型，应及时安排停电处理。

三、升高座专业检修

1. 升高座例行检修注意事项

（1）选择天气晴好时进行检修，特别是更换户外变压器的升高座时更要注意天气情况。如需更换密封器件等，应保证湿度在小于 75％的环境下作业。

（2）应注意与带电设备保持足够的安全距离。

（3）准备好工作所需的材料及工器具，如登高器具、无水乙醇、棉纱、百洁布、密封圈等。

（4）注意机械伤害，防止误碰、损伤升高座瓷瓶。

（5）高空作业应使用安全带，安全带应挂在牢固的构件上，禁止低挂高用。严禁上下抛掷物品。

2. 升高座的检修工艺和质量标准

（1）更换升高座放气塞等可调换的密封胶垫。

（2）密封圈压缩量不超过 1/2，密封垫不超过 1/3，密封良好，无渗漏。

（3）如需更换套管法兰或与本体连接法兰的密封垫，应选天气晴朗时候作业，放油至作业面以下。更换完成后，依次对角拧紧安装法兰螺栓，使密封垫均匀压缩至规定压缩量。

（4）使用电焊或专用补漏胶水封堵砂眼。

（5）更换引出线接线端子和端子板的密封胶垫，胶垫更换后不应有渗漏。

（6）对安装有倾斜的及有导气连管的，应先将其全部连接到位后统一紧固，防止连接法兰偏斜、密封垫偏移或压缩不均匀；对无导气连管的升高座，更换排气螺栓的密封胶垫，注油后应逐台排气。

（7）在二次接线盒接口处应打玻璃胶封堵，二次线缆应有滴水孔。

（8）未使用的互感器二次绕组应可靠短接后接地。

【缺陷处置】

升高座的缺陷性质、现象、分类及处理原则见表 2-17。

表 2-17　　升高座的缺陷性质、现象、分类及处理原则

序号	缺陷性质	缺陷现象	缺陷分类	处理原则
1	漏油	漏油速度每滴时间不快于 5s，且油位正常	一般	安排带电处理。需要停电处理的，运检人员跟踪渗漏情况，根据油位情况安排停电处理
		漏油速度每滴时间快于 5s，且油位正常	严重	安排带电处理。需要停电处理的，尽快安排停电处理
		漏油形成油流，漏油速度每滴时间快于 5s，且油位低于下限	危急	应立即启动主变压器停电应急措施：带电补油，隔离油流，负荷转移，停电处理等
2	锈蚀	轻微锈蚀或漆层破损	一般	结合检修防污处理
		严重锈蚀	严重	尽快安排停电防污处理
3	电流互感器瓷套破损	电流互感器瓷套外观破损	严重	安排带电处理。需要停电处理的，应尽快安排停电处理

项目三

互感器运检一体化检修

【项目描述】

本项目包含常规的电流互感器和电压互感器检修运维内容，通过对油浸式电流互感器、SF_6 电流互感器、电磁式电压互感器、电容式电压互感器的原理、构造以及运维检修要求进行介绍，使读者熟悉互感器的特性，掌握互感器的运维和检修内容。

任务一　电流互感器运维检修

【任务描述】

本任务主要讲解电流互感器的作用原理、结构类型、运行维护及专业检修要求。通过介绍电流互感器的结构，使读者熟悉电流互感器的运维特性与检修要点，掌握电流互感器的运维内容和专业检修工艺。

【技能要领】

一、电流互感器的工作原理和类型结构

1. 工作原理

电流互感器是一种专门用于变换电流的特种变压器，基本原理与变压器相近。它的一次绕组匝数很少，与线路串联，二次绕组匝数很多，与仪表及继电保护装置的电流线圈串联。利用磁势平衡原理，将高电压系统的电流或低电压系统的大电流换成低电压、标准值的小电流，通常为5A和1A，并且二次电流在正常使用条件下与一次电流成正比，其相位差接近于零。

2. 类型结构

按绝缘介质分类，电流互感器可以分为浇注式电流互感器、合成膜绝缘电流互感器、油浸式电流互感器和气体绝缘电流互感器四类。

浇注式电流互感器采用环氧树脂或其他树脂混合材料浇注，分半绝缘和全绝缘两种类型，如图 3-1 和图 3-2 所示。

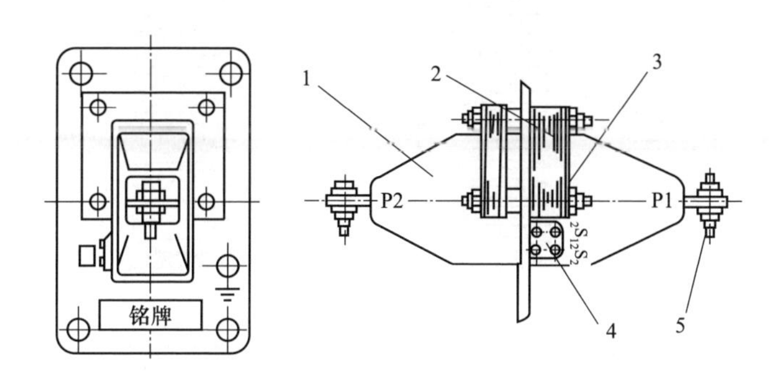

图 3-1　半绝缘浇注电流互感器

1—浇注体；2—铁心；3—一、二次绕组；4—二次出线端子；5—一次出线端子

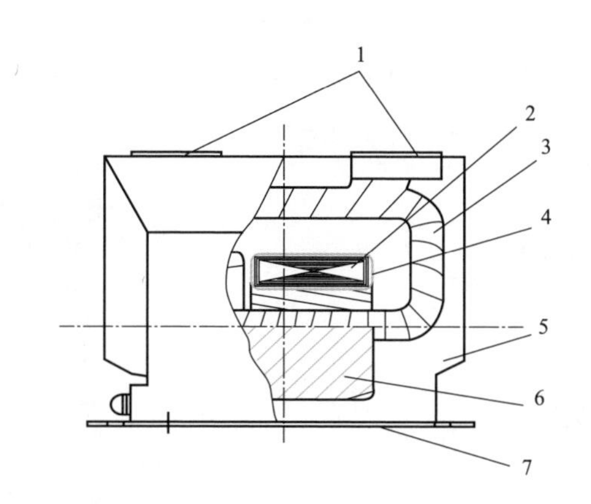

图 3-2　全绝缘浇注电流互感器

1—一次出线端子；2—铁心；3—一次绕组（母线，母牌）；

4—漆包线及缓冲包扎材料；5—环氧树脂混合料；6—二次绕组；7—安装板

合成膜绝缘电流互感器的一次绕组绝缘为 U 形电容型结构，由合成膜（例如聚四氟乙烯带）包扎而成，每层膜间填充硅油，电屏为铝箔，如图 3-3 所示。

油浸式电流互感器采用绝缘油和绝缘纸作为绝缘介质，一般有正立式和倒置式两类，具体结构如图 3-4 和图 3-5 所示。

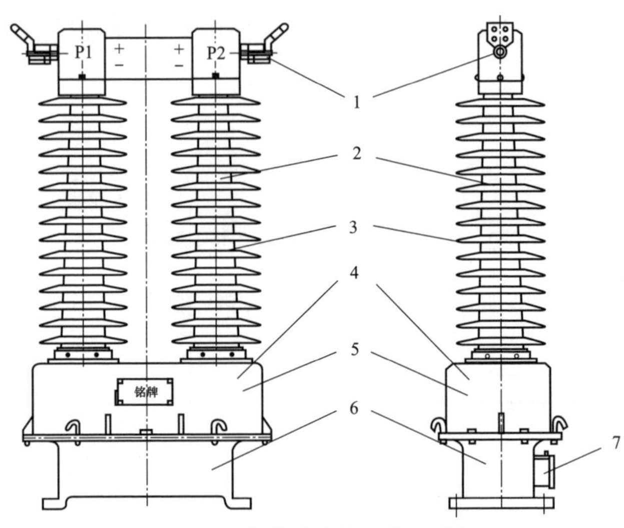

图 3-3 合成膜绝缘电流互感器

1—一次出线端子；2—硅橡胶伞裙；3—内部一次绕组；4—不锈钢罩壳；5—内部二次绕组；6—底座；7—二次接线盒

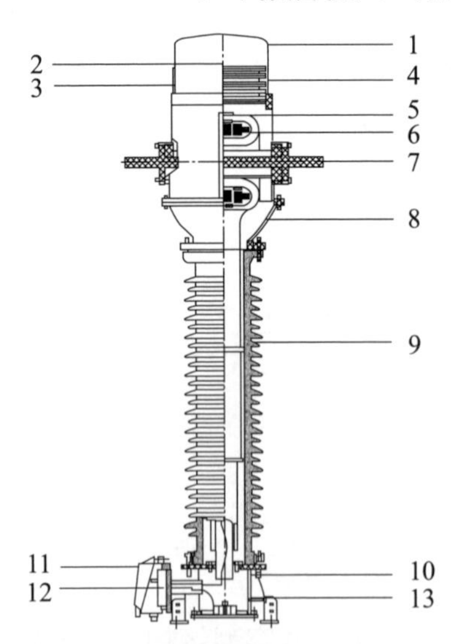

图 3-4 油浸倒立式电流互感器

1—膨胀器外罩；2—排气塞；3—膨胀器位置指示器；4—金属膨胀器；5—高压绝缘；6—二次绕组；7—一次端子盒；8—储油柜；9—瓷套；10—底座；11—二次端子盒；12—二次端子；13—注放油塞

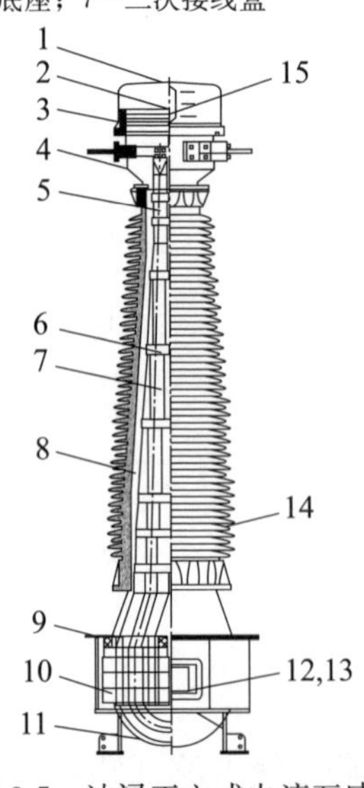

图 3-5 油浸正立式电流互感器

1—膨胀器外罩；2—排气阀；3—膨胀器；4—储油柜；5—一次绕组；6—绑带；7—主绝缘；8—变压器油；9—油箱；10—二次绕组；11—注放油阀；12—二次端子盒；13—二次端子；14—瓷套；15—油位指示计

气体绝缘电流互感器采用惰性气体作为绝缘介质，目前多采用 SF_6 气体作为绝缘介质，其结构如图 3-6 所示。

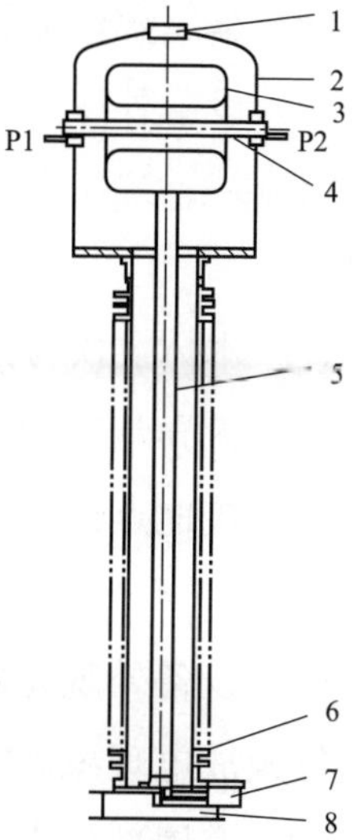

1
2
3
P1
P2
4
5
6
7
8

图 3-6　充气式电流互感器

1—安全膜；2—壳体；3—二次绕组及屏蔽筒；4—一次绕组；5—二次出线管；6—套管；7—二次端子盒；8—底座

3. 设备特点

（1）由于电流互感器的二次侧所接负载为电流表和继电器的电流线圈，阻抗很小，因此电流互感器在正常运行时，相当于二次短路的变压器。

（2）一次电流随线路负载的变化而变化，与二次电流的大小无关，因此二次电流几乎不受二次负载的影响，只随一次电流的变化而变化。

（3）电流互感器铁心中的磁通由一次电流决定，而二次电流主要是去磁作用，因此二次侧不允许开路。一旦开路，一次电流全部作用于励磁，会在二次绕组产生很高的电动势，危及人身及设备安全。

（4）电流互感器二次侧一端必须接地，以防一、二次绕组之间绝缘击穿时危及仪表及人身安全。同时，电流互感器二次绕组只允许一点接地，否则二次电流会在两个接地点之间形成回路，影响装置正确动作。

二、电流互感器的运检维护

1. 环氧浇注电流互感器专业巡检要求

（1）设备外观完好；外绝缘表面清洁，无裂纹及放电现象。

（2）金属部位无锈蚀，底座无倾斜变形。

（3）一、二次引线接触良好，接头无过热，各连接引线无过热迹象，本体温度无异常。

（4）无异常声响、振动和气味。

（5）接地点连接可靠。

2. 合成膜绝缘电流互感器专业巡检要求

（1）设备外观完好；外绝缘表面清洁，无裂纹、漏胶及放电现象。

（2）金属部位无锈蚀；底座、构架牢固，无倾斜变形。

（3）设备外涂漆层清洁，无大面积掉漆。

（4）一、二次引线接触良好，接头各连接引线无过热迹象，本体温度无异常。

（5）本体二次接线盒密封良好，无锈蚀。

（6）无异常声响、振动和气味。

（7）接地点连接可靠。

3. 油浸式电流互感器专业巡检要求

（1）设备外观完好、无渗漏，设备相色正确、清晰；外绝缘表面清洁、无裂纹及放电现象。

（2）金属部位无锈蚀；底座、构架牢固，无倾斜变形；设备外釉层清洁、无大面积掉釉。

（3）一次、二次、末屏引线接触良好，接头无过热，各连接引线无发热、变色，本体温度无异常，一次导电杆及端子无变形、无裂痕。

（4）油位正常。

（5）本体二次接线盒密封良好，无锈蚀，无异常声响、振动和气味。

（6）接地点连接可靠。

（7）一次接线板支撑瓷瓶无异常。

（8）一次接线板过电压保护器表面清洁、无裂纹。

4. 充气式电流互感器专业巡检要求

（1）设备外观完好；外绝缘表面清洁、无裂纹及放电现象。

（2）金属部位无锈蚀；底座、构架牢固，无倾斜变形。

（3）设备外涂漆层清洁、无大面积掉漆。

（4）一、二次引线接触良好，接头无过热，各连接引线无发热迹象，本体温度无异常。

（5）检查密度继电器（压力表）指示在正常规定范围，无漏气现象；户外 SF_6 密度继电器防雨罩应安装牢固。

（6）本体二次接线盒密封良好，无锈蚀。

（7）无异常声响、振动和气味。

（8）接地点连接可靠。

5. 电流互感器运检维护要求

（1）二次绕组所接负荷应在准确度等级所规定的负荷范围内。

（2）允许在设备最高电压下和额定连续热电流下长期运行。

（3）严禁二次侧开路，备用的二次绕组应短接接地。

（4）运行中的电流互感器二次侧只允许有一个接地点。

（5）在投运前及运行中应注意检查各部位接地是否牢固可靠，末屏应可靠接地，严防出现内部悬空的假接地现象。

（6）已确认存在严重缺陷的电流互感器应及时处理或更换；对怀疑存在缺陷的电流互感器，应缩短试验周期，进行跟踪检查和分析查明原因。

（7）停运中的电流互感器投入运行后，应立即检查相关电流指示情况和本体有无异常现象。

（8）新装或检修后，应检查三相的油位指示是否正常，并保持一致，运行中的电流互感器应保持微正压；新投入或大修后（含二次回路更动）的电流互感器必须核对相序、极性。

（9）具有吸湿器的电流互感器，运行中其吸湿剂应干燥，油封、油位应正常，呼吸应正常。

（10）SF_6 电流互感器投运前，应检查有无漏气，气体压力指示与制造厂规定是否相符，三相气压应调整一致。SF_6 电流互感器压力表偏出正常压力区时，应及时上报并查明原因，若压力降低应进行补气处理。SF_6 电流互感器的密度继电器应便于运维人员观察，防雨罩应安装牢固，能将表计、控制电缆的接线端子遮盖。

（11）设备故障跳闸后，若未查找到故障原因，应进行 SF_6 电流互感器气体分解产物检测，以确定内部有无放电，避免带故障强送再次放电。

（12）对硅橡胶套管或加装硅橡胶伞裙的瓷套，应检查硅橡胶表面有无放电痕迹现象，如有放电现象应及时处理。

（13）对于事故抢修的油浸式互感器，应保证绝缘试验前的静置时间，

500(330)kV设备的静置时间应大于36h，110(66)～220kV设备的静置时间应大于24h。

（14）新投运的110(66)kV及以上电流互感器，1～2年内应取油样进行油中溶解气体组分、微水分析，取样后检查油位是否符合设备技术文件的要求。对于明确要求不取油样的产品，确需取样或补油时应由生产厂家配合进行。

（15）对于长期微渗的气体绝缘互感器，应开展SF_6气体微水检测和带电检漏，必要时可缩短检测周期。年漏气率大于1%时，应及时处理。

（16）运行中的互感器在巡视检查时如发现外绝缘有裂纹、局部变色、变形，应尽快更换。

三、电流互感器专业检修

1. 环氧浇注电流互感器检修

（1）更换应确认新互感器满足现场要求，对比新旧互感器的参数及一次、二次接线情况，并做详细记录。

（2）外观清洁、无损伤，基础安装尺寸与旧设备基础尺寸相符。

（3）连接处的金属接触面光洁，涂有薄层中性凡士林，连接螺栓紧固可靠。

（4）本体及二次接地符合要求，并接地可靠。

（5）户内相间和相对地的空气绝缘净距离：≥125mm（对于12kV）；≥300mm（对于40.5kV）。带电体至开关柜门的空气绝缘净距离：≥155mm（对于12kV）；≥330mm（对于40.5kV）。

（6）穿芯电流互感器的等电位线连接可靠。

（7）对于新更换的互感器，电流互感器多余的二次绕组不允许开路。

（8）二次线接触良好，试验合格，二次线与一次设备保证足够安全距离。

2. 合成膜绝缘电流互感器检修

（1）电流互感器拆卸、安装过程要求在无大风扬沙及其他污染的晴天进行。

(2) 继电保护和安全自动装置位置正确，检修设备与运行设备二次回路有效隔离，防止误动。

(3) 设备到货后现场应检查铭牌参数是否有不对应等异常现象。

(4) 安装应按照厂家规定程序进行。

(5) 安装后，设备外观完好、无损，引线相间及对地距离等符合相关规定。

(6) 接地点连接牢固可靠；螺栓材质及紧固力矩应符合规定或厂家要求。互感器应有明显的接地符号标志，接地端子应与设备底座可靠连接，并从底座接地螺栓用两根接地引下线与地网的不同点可靠连接。

(7) 电流互感器的二次出线端子密封良好，并有防转动措施。严禁电流互感器二次侧开路，二次备用绕组可靠短路接地。

(8) 一次接线板清洁，无受潮、放电烧伤痕迹，连接部位连接紧固，串并联接线板接线应紧固、正确。

(9) 末屏、二次接线板各端子接线正确、接触良好，绝缘值符合相关技术标准要求；末屏、二次接线板清洁，无受潮、放电烧伤痕迹；接线标志牌完整，字迹清晰。

3. 油浸式电流互感器检修

(1) 施工环境应满足要求，电流互感器拆卸、安装过程中要求在无大风扬沙及其他污染的晴天进行（相对湿度不大于80%），并采取防尘防雨措施。

(2) 设备到货后现场应检查振动记录仪记录是否超过制造厂允许值、铭牌参数是否有不对应等异常现象，串并联接线板、互感器极性符合设计及运行要求。

(3) 继电保护和安全自动装置位置正确，检修设备与运行设备二次回路有效隔离。

(4) 膨胀器内无异物，膨胀完好、密封良好，无渗漏及永久变形。膨胀器伸缩正常、密封可靠，无渗漏及永久变形。膨胀器上盖与外罩连接可靠，不得锈蚀卡死。各部位的螺丝应紧固，膨胀器的本体与膨胀器连接管路应畅通。

（5）油箱、放油阀、二次接线端子等各部位密封良好，无渗漏，螺丝紧固。油箱密封可靠，无渗漏。加装密封取油样的取样阀，以满足密封取油样的要求。

（6）油位指示或油温压力指示机构灵活，指示正确。考虑环境温度，注油油位在最高刻度及最低刻度之间，同间隔三相油位保持一致。注油完毕后，应按照产品说明书静置排气。

（7）互感器应进行真空注油，并满足真空注油的工艺要求，油量大小和注油速度应按制造厂规定进行。

（8）电流互感器安装后，设备外观应完好，无渗漏油，油位指示正常，等电位连接可靠，均压环安装正确，引线对地距离、相间距离等均符合相关规定；观察窗表面清洁、刻度清晰可见。

（9）接地点连接牢固可靠，底座接地螺栓用两根接地引下线与地网不同网格可靠连接；接地引下线截面积应满足安装地点短路电流的要求。

（10）严禁电流互感器二次侧开路，二次备用绕组可靠短路接地；电流互感器的二次出线端子密封良好，并有防转动措施；所有端子及紧固件应有良好的防锈镀层、足够的机械强度和良好的接触面。

（11）末屏应可靠接地，接线标志牌完整，字迹清晰；末屏小套管应清洁，无积污，无破损渗漏，无放电烧伤痕迹。

（12）串并联接线板接线应紧固、正确，与上盖应保持足够距离。

4. SF_6 电流互感器检修

（1）施工环境应满足要求，电流互感器拆卸、安装过程中要求在无大风扬沙及其他污染的晴天（相对湿度不大于80%）进行，并采取防尘防雨措施。

（2）继电保护和安全自动装置位置正确，检修设备与运行设备二次回路有效隔离，防止误动。

（3）设备到货后现场应检查铭牌参数是否有不对应等异常现象。

（4）使用的 SF_6 密度继电器应经校检合格并出具合格证，并按相关要求进行校验。SF_6 气体密度继电器、压力表应加装防雨罩，SF_6 气体报警接点应符合产品技术要求。

（5）SF_6气体应经检测合格（含水量≤0.0005%、纯度≥99.8%），充气管道和接头应进行清洁、干燥处理，充气时应防止空气混入。对使用混合气体的电流互感器，气体混合比例应符合产品技术规定。

（6）吸湿剂使用前放入烘箱进行活化，温度及时间应符合产品技术规定。

（7）回收、抽真空及充气前，检查SF_6充放气逆止阀顶杆和阀芯，更换使用过的密封圈，回收、充气装置中的软管和电气设备的充气接头应连接可靠，管路接头连接后抽真空，进行密封性检查。

（8）设备抽真空时，严禁用抽真空的时间长短来估计真空度，抽真空所连接的管路一般不超过5m。气室抽真空及密封性检查应按照厂家要求进行，厂家无明确规定时，抽真空至133Pa以下并继续抽真空30min，停泵30min，记录真空度（A），再隔5h，读真空度（B），若$B-A<133$Pa，则可认为合格，否则应进行处理并重新抽真空至合格为止。

（9）对国产气体宜采用液相法充气（将钢瓶放倒，底部垫高约30°），使钢瓶的出口处于液相。对于进口气体，可以采用气相法充气，充气速率不宜过快，以气瓶底部（充气管）不结霜为宜。

（10）充气24h之后应进行密封性试验，充气完毕静置24h后进行含水量测试、纯度检测，必要时进行气体成分分析。

（11）打开SF_6互感器气室工作前，应先将SF_6气体回收并抽真空后，用高纯氮气冲洗3次。

（12）安装后，设备外观应完好、无损，SF_6无泄漏，气体压力指示正常，引线相间对地距离等均符合相关规定。

（13）接地点连接牢固可靠。互感器应有明显的接地符号标志，接地端子应与设备底座可靠连接，并从底座接地螺栓用两根接地引下线与地网的不同点可靠连接。

（14）末屏与外壳连接线应牢固可靠。

（15）一次接线板应连接紧固、清洁，无受潮、放电烧伤痕迹，一次接线板密封良好，SF_6气体压力指示正常。

（16）二次接线柱密封良好，二次接线柱清洁，无受潮、放电烧伤痕迹，SF_6 气体压力指示正常。二次接线板各端子接线正确、接触良好，绝缘值符合相关技术标准要求。二次封堵、标牌、标识正确完好。严禁电流互感器二次侧开路。

任务二　电压互感器运维检修

【任务描述】

本任务主要讲解电压互感器的工作原理、结构类型、运行维护及专业检修要求。通过讲解电压互感器的结构，使读者熟悉电压互感器的运维特性与检修要点，掌握电压互感器的运维内容和专业检修工艺。

【技能要领】

一、电压互感器的工作原理和类型结构

1. 工作原理

电压互感器是一种变换电压信号的特种变换器，其二次电压在正常使用条件下与一次电压成正比，而其相位差接近于零，并且将系统的高电压换成标准值的低电压，通常为 $100/\sqrt{3}$、$100\sqrt{3}$ 及 100V。

2. 类型结构

根据电压互感器工作原理的不同，可分为电磁式电压互感器和电容式电压互感器。电磁式互感器按绝缘介质的不同又可以分为浇注式电压互感器、干式电压互感器、气体绝缘电压互感器和油浸式电压互感器四类。

干式电压互感器的绝缘主要由纸、纤维编织材料或薄膜绕包，经浸漆干燥而成。

浇注式电压互感器的绝缘主要是绝缘树脂混合胶，浇注固化成型。根据浇注的结构形式，可以分为半封闭型和全封闭型，其结构如图 3-7 和图 3-8 所示。

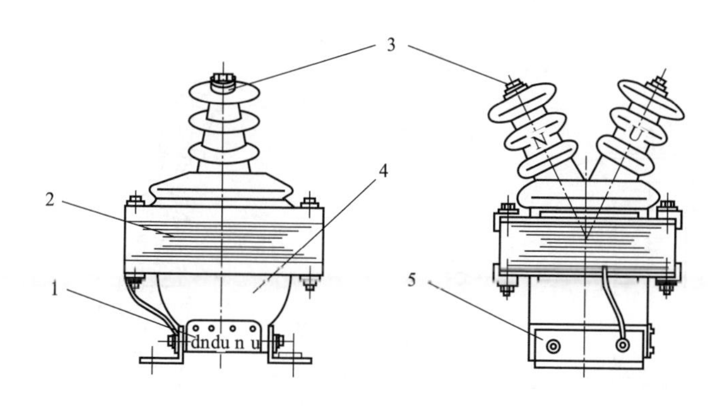

图 3-7 半封闭浇注

1—二次接线端；2—铁心；3—一次端子；4—浇注体；5—底座

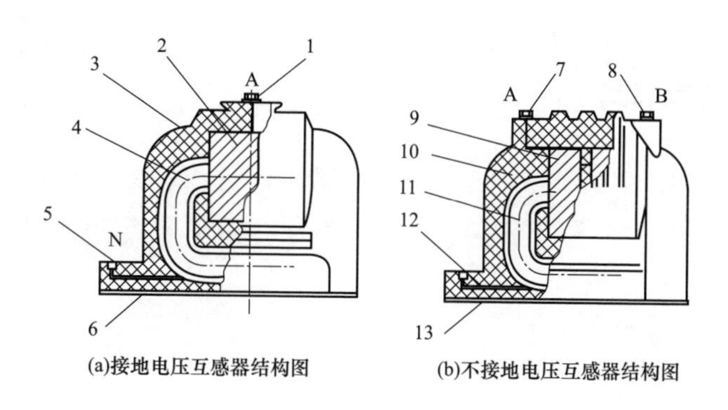

(a)接地电压互感器结构图　(b)不接地电压互感器结构图

图 3-8 全封闭电压互感器

1—一次高压端；2—一次绕组；3—环氧树脂；4—铁心；5—二次低压端；6—底板；7—一次高压端 A；8—一次高压端 B；9—一次绕组；10—环氧树脂；11—铁心；12—二次低压端；13—底板

气体绝缘电压互感器的绝缘主要是具有一定压力的绝缘气体，例如六氟化硫（SF_6）气体，其结构如图 3-9 所示。

油浸式电压互感器的绝缘主要由纸、制板等材料构成，并浸在绝缘油中，根据结构型式又可以分为单级式和串级。其中，单级式电压互感器的一、二次绕组在同一个铁心柱上，绝缘不分级，多用于 66kV 及以下电压等级；串级式电压互感器的一次绕组由几个匝数相等、几何尺寸相同的级绕组串联而成，各级绕组对地绝缘是自线路端到接地端逐级降低，多用于 66kV 及以上电压等级。两种互感器结构如图 3-10 和图 3-11 所示。

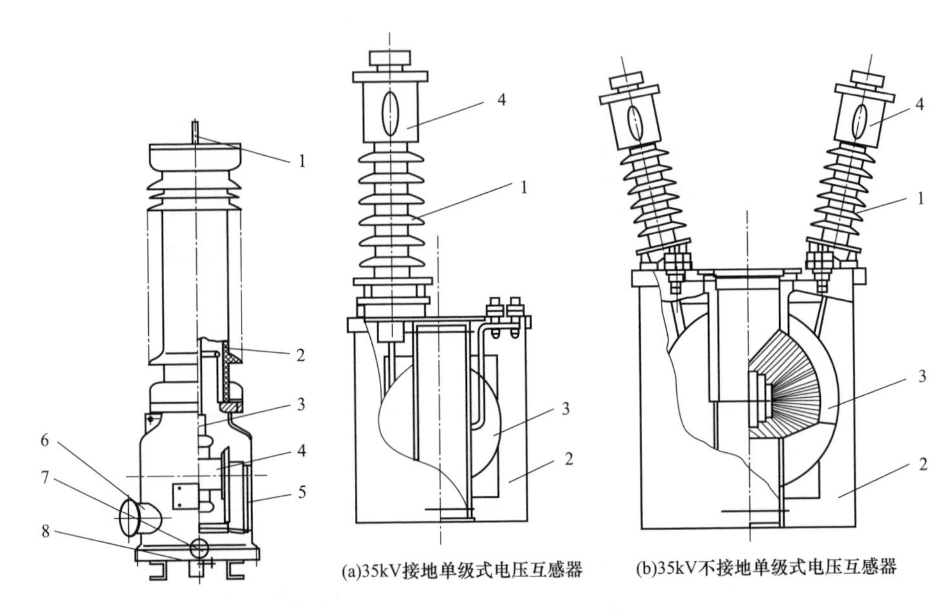

图 3-9　SF_6 电压互感器

1—高压出接线端子；2—绝缘套管；
3—高压引线屏蔽；4—器身；
5—壳体；6—二次端子盒；
7—密度继电器及充气阀；8—安全膜

(a)35kV接地单级式电压互感器　(b)35kV不接地单级式电压互感器

图 3-10　单级式电压互感器

1—瓷套；2—油箱；3—绕组；4—油柜

(a)66kV、110kV TV整体　(b)220kV TV整体　(c)66kV、110kV TV内部　(d)220kV TV内部

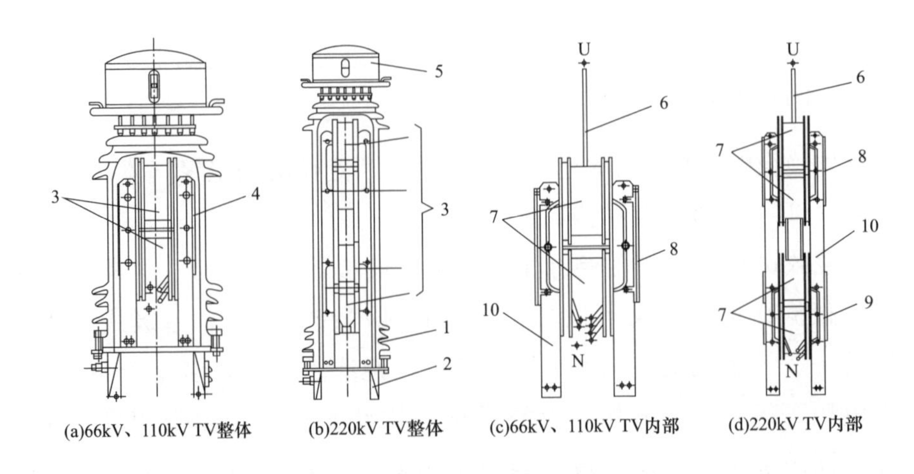

图 3-11　串级式电压互感器

1—瓷套；2—底座；3—绕组；4—铁心；5—膨胀器；
6—引线；7—绕组；8—上铁心；9—上铁心；10—绝缘支架

电容式电压互感器又称CVT，是由串联电容器分压，再经电磁式互感器降压的电压互感器。与电磁式相比除具有互感器的作用外，其分压电容兼作耦合电容器，同时具有冲击绝缘强度高、制造简单、体积小、重量轻、经济性显著等优点，其结构如图3-12所示。

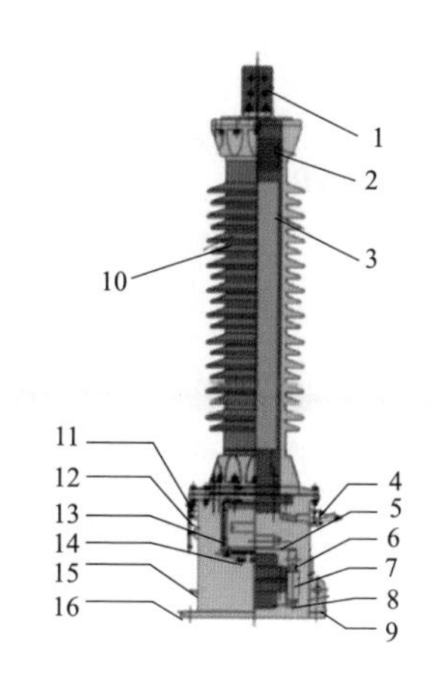

图3-12 电容式电压互感器

1—一次接线板；2—膨胀器；3—电容分压器；4—高频通信端子；5—限压器；6—阻尼器；7—补偿电抗器；8—中间变压器；9—吊装孔；10—瓷套；11—油位指示器；12—接地开关；13—二次端子盒；14—电缆夹；15—放油阀；16—油箱

3. 设备特点

(1) 电压互感器的一次（原）绕组并联于一次电路内，而二次（副）绕组与测量表计或继电保护及自动装置的电压线圈并联连接。二次回路阻抗很大，工作电流和功耗都很小，相当于空载（二次开路）状态，二次电压只决定于一次（系统）电压。

(2) 电压互感器二次侧不能短路，否则影响表计的指示，造成保护误动，甚至烧毁互感器。

(3) 电压互感器二次绕组必须一点（保护）接地，一般是中性点接地；若无中性点，则采用b相接地。

二、电压互感器的运检维护

1. 环氧浇注电压互感器专业巡检要求

(1) 设备外观完好；外绝缘表面清洁，无裂纹及放电现象。

(2) 金属部位无锈蚀，底座无倾斜变形。

(3) 一、二次引线接触良好，接头各连接引线无过热迹象，本体温度无异常。

(4) 无异常声响、异常振动和异常气味。

(5) 接地点连接可靠。

2. 干式电压互感器专业巡检要求

(1) 设备外观完好；外绝缘表面清洁，无裂纹及放电现象。

（2）金属部位无锈蚀；底座、构架牢固，无倾斜变形。

（3）一、二次引线连接正常，各连接接头无过热迹象，本体温度无异常。

（4）二次回路主熔断器或自动开关完好。

（5）无异常声响、振动和气味。

（6）接地点连接可靠。

（7）一次消谐装置外观完好、连接紧固、接地完好。

（8）外装式一次消谐装置外观良好，安装牢固。

3. 油浸式电压互感器专业巡检要求

（1）设备外观完好、无渗漏；外绝缘表面清洁，无裂纹及放电现象。

（2）金属部位无锈蚀；底座、构架牢固，无倾斜变形。

（3）一、二次引线连接正常，各连接接头无过热迹象，本体温度无异常。

（4）本体油位正常。

（5）端子箱密封良好，二次回路主熔断器或自动开关完好。

（6）电容式电压互感器二次电压（包括开口三角形电压）无异常波动。

（7）无异常声响、振动和气味。

（8）接地点连接可靠。

（9）电容式电压互感器上、下节电容单元连接线完好、无松动，电容单元无渗漏油。

（10）外装式一次消谐装置外观良好，安装牢固。

4. SF_6 电压互感器专业巡检要求

（1）设备外观完好；外绝缘表面清洁，无裂纹及放电现象。

（2）金属部位无锈蚀；底座、构架牢固，无倾斜变形。

（3）一、二次引线连接正常，各连接接头无过热迹象，本体温度无异常。

（4）密度继电器（压力表）指示在正常区域，无漏气现象。

（5）二次回路主熔断器或自动开关应完好。

（6）二次电压（包括开口三角形电压）无异常波动。

（7）无异常声响、振动和气味。

（8）接地点连接可靠。

（9）外装式一次消谐装置外观良好，安装牢固。

5. 电压互感器运检维护要求

（1）新投入或大修后（含二次回路更动）的电压互感器必须核相。

（2）电压互感器二次绕组所接负荷应在准确等级所规定的负荷范围内。

（3）严禁电压互感器二次侧短路。

（4）电压互感器的各个二次绕组（包括备用）均必须有可靠的保护接地，且只允许有一个接地点。接地点的布置应满足有关二次回路设计的规定。

（5）应及时处理或更换已确认存在严重缺陷的电压互感器。对怀疑存在缺陷的电压互感器，应缩短试验周期，进行跟踪检查和分析查明原因。

（6）停运中的电压互感器投入运行后，应立即检查相关电压指示情况和本体有无异常现象。

（7）新装或检修后，应检查电压互感器三相的油位指示是否正常，并保持一致。运行中的互感器应保持微正压。

（8）中性点非有效接地系统中，用作单相接地监视用的电压互感器，一次中性点应接地。为防止谐振过电压，应在一次中性点或二次回路装设消谐装置。

（9）在双母线接线方式下，一组母线电压互感器退出运行时，应加强运行电压互感器的巡视和红外测温，避免故障导致的母线全停。

（10）电磁式电压互感器一次绕组 N(X) 端必须可靠接地。电容式电压互感器的电容分压器低压端子（N、δ、J）必须通过载波回路线圈接地或直接接地。

（11）电压互感器（含电磁式和电容式电压互感器）允许在 1.2 倍额定电压下连续运行。中性点有效接地系统中的互感器，允许在 1.5 倍额定电压下运行 30s。中性点非有效接地系统中的电压互感器，在系统无自动切除对地故障保护时，允许在 1.9 倍额定电压下运行 8h；在系统有自动切除对地故障保护时，允许在 1.9 倍额定电压下运行 30s。

（12）具有吸湿器的电压互感器，运行中其吸湿剂应干燥，油封油位应正常，吸湿器呼吸应正常。

（13）SF_6 电压互感器投运前，应检查电压互感器无漏气，SF_6 气体压力指示与制造厂规定相符，三相气压应调整一致。SF_6 电压互感器压力表偏出正常压力区时，应及时上报并查明原因，若压力降低应进行补气处理。SF_6 电压互感器密度继电器应便于运维人员观察，防雨罩应安装牢固，能将表、控制电缆接线端子遮盖。

（14）运行中电压互感器的高压熔断器熔断时，应立即停电进行更换。更换前，应检查确认电压互感器无异常，核对高压熔断器型号、技术参数与被更换的一致，并验证其良好。更换过程中，注意二次电压消失对继电保护、自动装置的影响，采取相应的措施以防止误动、拒动。更换完毕送电后，应立即检查相应电压情况。

（15）电容式电压互感器电容单元内绝缘油含量较少，一旦发生泄漏，易导致电容单元无法浸没在绝缘油中而发生放电击穿，因此当巡视发现电容式电压互感器电容单元渗漏油时，应第一时间进行停电处理。

三、电压互感器专业检修

1. 环氧浇注式电压互感器检修

（1）对比新旧互感器的参数及一、二接线情况，并做详细记录，确认新互感器满足现场要求。

（2）外观清洁、无损伤，基础安装尺寸与旧设备基础尺寸相符。

（3）各连接处的金属接触面光洁，涂有薄层中性凡士林，连接螺栓紧固可靠。

（4）本体及二次接地应符合要求，并接地可靠。

（5）户内相间和相对地的空气绝缘净距离：≥125mm（对于 12kV），≥300mm（对于 40.5kV）。带电体至开关柜门的空气绝缘净距离：≥155mm（对于 12kV），≥330mm（对于 40.5kV）。

（6）对于新更换互感器，多余的二次绕组不允许短路。

（7）二次线接触良好，试验合格，二次线与一次设备应保证足够安全距离。

2. 干式电压互感器检修

（1）安装后，检查设备外观完整、无损，引线相间及对地距离符合规定。

（2）互感器应有明显的接地符号标志，接地点连接应牢固可靠，螺栓材质及紧固力矩应符合规定或厂家要求，应有两根接地引下线与地网的不同点可靠连接。

（3）严禁电压互感器二次侧短路。

（4）电压互感器的二次出线端子应密封良好。

（5）所有端子及紧固件应有良好的防锈镀层、足够的机械强度，并保持良好的接触面。

（6）各引线连接应紧固可靠并密封良好，二次输出电压应正常。

（7）当有外装式一次消谐装置时，应安装牢固。

3. 油浸式电压互感器检修

（1）施工环境应满足要求，电压互感器拆卸、安装过程中要求在无大风扬沙的天气进行，并采取防尘防雨防潮措施。

（2）装配时器身暴露在空气中的时间应尽量短，以免内绝缘受潮。当空气相对湿度小于65%时，器身暴露时间不得超过8h；相对湿度为65%～75%时，不得超过6h；大于75%时不宜装配器身。

（3）正确选用与互感器相同品牌和标号的绝缘油，严禁使用再生油，严禁混用不同标号的绝缘油。混用不同品牌的绝缘油时，应先做混油试验，合格后方可使用。注油应采取真空注油方式，并满足真空注油的工艺要求，油量大小和注油速度应按制造厂规定进行。

（4）安装后检查设备外观应完好、无损、无渗漏油，油位指示正常，等电位连接可靠，均压环安装正确，引线相间及对地距离、保护间隙等符合相关规定。

（5）接地点连接应牢固可靠，包括电磁式电压互感器高压侧绕组接地端、电容式电压互感器的电容分压器的低压端子及互感器底座的接地等。

(6) 电压互感器构架应有两处与接地网可靠连接。

(7) 末屏引出小套管应接地良好，并有防转动措施。

(8) 严禁电压互感器二次侧短路，二次出线端子密封良好，并有防转动措施。所有端子及紧固件应有良好的防锈镀层、足够的机械强度和良好的接触面。

(9) 外装式一次消谐装置应安装牢固。

(10) 对于220kV及以上电压等级的电容式电压互感器，安装电容器单元时必须按照出厂时的编号及上下顺序进行安装，严禁互换。

4. SF_6 电压互感器检修

(1) 施工环境应满足要求，电压互感器拆卸、安装过程中要求在无大风扬沙的晴天（湿度不大于80%）进行，并采取防尘防雨措施。

(2) SF_6 密度继电器外观完好，无破损及漏油，应经校检合格并出具合格证。安装时应加装防雨罩，并按相关要求进行校验。安装完毕后，检查 SF_6 密度继电器及管路密封良好，年漏气率小于0.5%或符合产品技术规定，电气回路端子接线正确，电气接点切换准确可靠，绝缘电阻符合产品技术规定，并做好相应记录。

(3) 压力表外观良好，无破损及泄漏，并经校检合格方可使用。压力表及管路密封良好、无渗漏，电接点压力表的电气接点切换准确可靠，绝缘值符合相关技术标准要求，并做好相应记录。

(4) 吸湿剂规格、数量符合产品技术规定。吸湿剂使用前放入烘箱进行活化，温度、时间应符合产品技术规定。

(5) SF_6 气体应经检测合格（含水量≤40μL/L、纯度≥99.8%），充气管道和接头应进行清洁、干燥处理，充气时应防止空气混入。对使用混合气体的互感器，气体混合比例应符合产品技术规定。

(6) 气室抽真空及密封性检查应按照厂家要求进行。

(7) 设备抽真空时，严禁用抽真空的时间长短来估计真空度，在真空度表计到达指示位置后维持真空度30～60min，抽真空所连接的管路一般不超过5m。

（8）对国产气体宜采用液相法充气（将气瓶放倒，底部垫高约30°），使气瓶的出口处于液相；对于进口气体，可以采用气相法充气。

（9）充气24h之后应进行密封性试验，充气完毕静置24h后进行含水量测试、纯度检测，必要时进行气体成分分析。

（10）安装后检查设备外观应完整无损，SF_6气体无渗漏，气体压力指示正常，引线对地距离符合相关规定。

（11）互感器应有明显的接地符号标志，接地点连接应牢固可靠，螺栓材质及紧固力矩应符合规定或厂家要求，应有两根接地引下线与地网的不同点可靠连接。

（12）末屏引出小套管接地良好，并有防转动措施，以防内部引线扭断。

（13）严禁电压互感器二次侧短路。

（14）二次出线端子密封良好，并有防转动措施，以防内部引线扭断。

（15）所有端子及紧固件应有良好的防锈镀层、足够的机械强度和良好的接触面。

（16）外装式一次消谐装置应安装牢固。

【缺陷处置】

电流和电压互感器的缺陷性质、现象、分类及处理原则分别见表3-1和表3-2。

表3-1 电流互感器的缺陷性质、现象、分类及处理原则

序号	缺陷性质	缺陷现象	缺陷分类	处理原则
1	渗油	表面有油迹，但未形成油滴	一般	安排带电检查，需停电的进行跟踪，必要时停电处理
2	漏油	漏油速度每滴时间不快于5s，且油位正常	严重	安排带电检查，需停电的加强跟踪，重点关注油位情况
		漏油速度每滴时间不快于5s，且油位不正常	危急	技术允许的先进行带电补油，并视渗漏情况进行处理
		漏油速度每滴时间快于5s	危急	立即处置，启动停电预案

续表

序号	缺陷性质	缺陷现象	缺陷分类	处理原则
3	油位异常	油位高于正常油位的上限，有冲顶风险	危急	立即查明原因，放油，必要时停电检查
		油位低于正常油位的下限，油位可见	一般	查明原因，技术允许的先进行带电补油，加强跟踪
		油位低于正常油位的下限，油位不可见	严重	技术允许的先进行带电补油，必要时安排停电检查
4	锈蚀	轻微锈蚀或漆层破损	一般	加强跟踪，结合停电进行修补
		严重锈蚀	严重	加强跟踪，必要时停电处理
5	内部有异常声音	内部有放电或爆裂声、过激磁等异常声音	危急	立即停电进行检查，必要时进行更换
6	冒烟、着火	冒烟、着火	危急	立即停电更换
7	末屏异常	末屏接地不良，引起放电	危急	立即停电，对末屏进行处理并接地
8	外绝缘放电	外绝缘放电较为严重，但未超过第二裙	严重	加强跟踪，必要时进行带电水冲洗
		外绝缘放电超过第二裙	危急	立即停电，开展外绝缘检查，必要时进行更换
9	本体发热	$\delta \geqslant 95\%$或热点温度>80℃	危急	停电检查，必要时进行更换
		$\delta \geqslant 80\%$或热点温度>55℃	严重	加强跟踪，必要时安排停电进行检查
		相间温差不超过10K	一般	加强跟踪
10	搭接面发热	金属导线：$\delta \geqslant 95\%$或热点温度>110℃；接头和线夹：$\delta \geqslant 95\%$或热点温度>130℃	危急	立即安排停电，对搭接面进行处理
		金属导线：$\delta \geqslant 80\%$或热点温度>80℃；接头和线夹：$\delta \geqslant 80\%$或热点温度>90℃	严重	加强跟踪，结合停电对搭接面进行处理
		相间温差不超过15K	一般	加强跟踪，结合停电对搭接面进行处理
11	SF_6电流互感器漏气	压力指示接近于第一报警动作值；带温度补偿功能的压力表，其压力指示与历史值比较明显降低	一般	加强跟踪，并通过SF_6检漏设备进行检漏，确定漏气部位
		第一报警动作	严重	安排带电进行补气，并结合停电对漏气部位进行处理
		第二报警动作	危急	立即开展检查，若确定为漏气引起的压力降低，需立即停电，对漏气部位进行处理

续表

序号	缺陷性质	缺陷现象	缺陷分类	处理原则
12	干式电流互感器外绝缘流胶	聚四氟乙烯缠绕绝缘电流互感器流胶	一般	加强跟踪
		环氧树脂绝缘电流互感器流胶	危急	立即停电进行更换

表 3-2　　电压互感器的缺陷性质、现象、分类及处理原则

序号	缺陷性质	缺陷现象	缺陷分类	处理原则
1	电磁单元渗油	表面有油迹，但未形成油滴	一般	安排带电处置，必要时停电处理
2	电磁单元漏油	漏油速度每滴时间不快于 5s，且油位正常	严重	安排带电检查，需停电的，加强跟踪，重点关注油位情况
		漏油速度每滴时间不快于 5s，且油位不正常	危急	立即安排处理，加强跟踪，重点关注油位情况
		漏油速度每滴时间快于 5s	危急	立即安排处理，启动停电预案
3	电容单元渗油	电容单元渗油	危急	立即停电，更换电容单位
4	油位异常	油位高于正常油位的上限，有冲顶风险	危急	立即查明原因，放油，必要时停电检查
		油位低于正常油位的下限，油位可见	一般	查明原因，技术允许的先进行带电补油，跟踪油位
		油位低于正常油位的下限，油位不可见	严重	马上处理，必要时安排停电检查
5	内部有异常声音	内部有放电或爆裂声、过励磁等异常声音	危急	立即停电进行检查，必要时进行更换
6	冒烟、着火	冒烟、着火	危急	立即停电更换
7	末屏异常	末屏接地不良，引起放电	危急	立即停电，对末屏进行处理并接地
8	外绝缘破损、开裂	轻微破损，不影响正常运行	一般	加强跟踪，结合停电对外绝缘进行修补
		破损严重，易导致互感器漏气、漏油等缺陷	危急	立即停电，对外绝缘进行修补，必要时进行更换
		干式电压互感器外绝缘流胶	危急	立即停电进行处理，必要时进行更换
9	外绝缘放电	外绝缘放电较为严重，但未超过第二裙	严重	加强跟踪，必要时进行带电水冲洗
		外绝缘放电超过第二裙	危急	立即停电，开展外绝缘检查，必要时进行更换

续表

序号	缺陷性质	缺陷现象	缺陷分类	处理原则
10	高压熔丝熔断	高压熔丝熔断	危急	立即停电对熔丝进行更换
11	温度异常	整体温升偏高，且中上部温差大，或三相之间温差超过2～3K	危急	立即安排停电检查，必要时进行更换
12	CVT二次电压监测报警	CVT二次电压监测报警	危急	停电进行检查，必要时进行更换
13	锈蚀	轻微锈蚀或漆层破损	一般	加强跟踪，结合停电进行修补
		严重锈蚀	严重	加强跟踪，结合停电进行修补
14	SF_6 电压互感器漏气	压力指示接近于第一报警动作值；带温度补偿功能的压力表，其压力指示与历史值比较明显降低	一般	加强跟踪，并通过 SF_6 检漏设备进行检漏，确定漏气部位
		第一报警动作	严重	安排带电进行补气，并结合停电对漏气部位进行处理
		第二报警动作	危急	立即开展检查，若确定为漏气引起压力降低，需立即停电，对漏气部位进行处理

【典型案例】

一、电压互感器发热

1. 案例描述

2019年1月14日，监控班发现220kV ××变电站××线无压继电器动作，值班员现场检查发现线路电压互感器二次端测量电压为2.6V，正常应为105V。值班员立即对电压互感器本体进行红外测温，发现电压互感器油箱存在发热情况，连续跟踪发现发热有严重趋势，测得的温度图如图3-13所示。

2. 故障原因分析

检修人员立即对电压互感器进行了停电更换，并对故障电压互感器进行了相关试验。试验结果显示，电压互感器上下节电容均正常，中间电压互感器介质损耗严重超标，存在明显异常。通过对互感器进行解体，发现电磁单元内避雷器老化损坏，绝缘不良，在运行电压作用下避雷器近似短路状态，造成电压互感器电磁单元一次绕组被短路，最终导致互感器二次失压。同时，避雷器绝缘不良、接地短路后，在电压的作用下发热，符合现场红外测温情况。

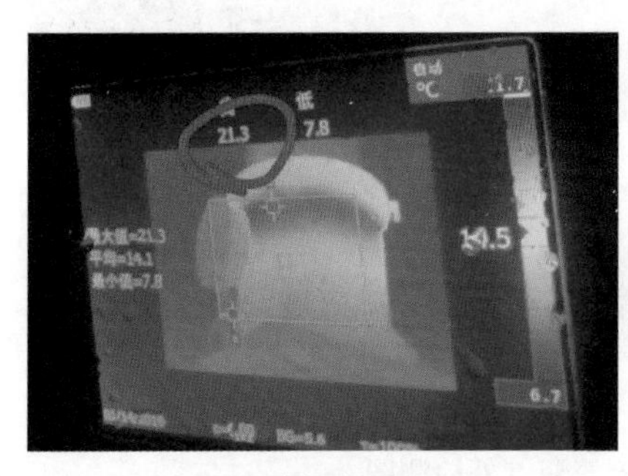

(a)互感器测温图一

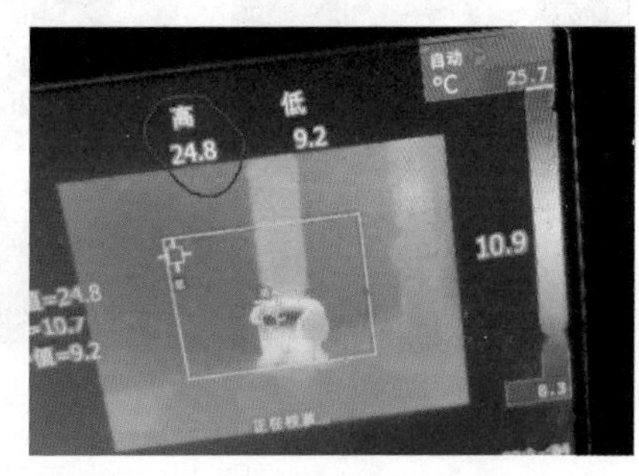

(b)互感器测温图二

图 3-13　电压互感器温度图

3. 管控措施

加强电压互感器的运维工作，定期进行红外检测工作。对于电压致热型缺陷，应第一时间安排停电检查工作。

二、CVT 电容单元渗油

1. 案例描述

2020 年 8 月 24 日，220kV ××变电站运维人员在夜间特巡时，通过电压互感器瓷瓶表面反光发现 220kV 正母电压互感器 A 相下节瓷瓶有油迹，现场检查地面无油迹，红外检测无异常，红外检测图如图 3-14 所示。

通过对异常电压互感器解体检查，发现下节电容单元顶部法兰和上部瓷瓶有油迹，但顶部无油迹，上节电容单元底部无油迹，初步确认渗油部位位于下节电容单元顶部密封处。

2. 故障原因分析

该正母 A 相电压互感器 2001 年出厂，2002 年投运，运行近 20 年，设备老旧，密封件老化严重，加上故障发生前期天气温度较高，油压升高，引起渗油。

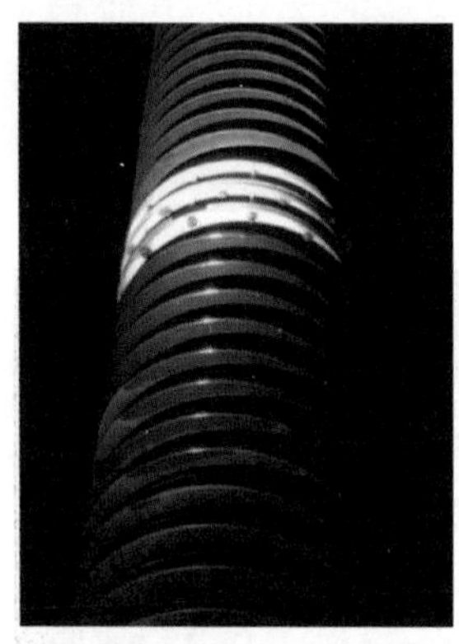

(a)电压互感器瓷瓶现场拍摄图

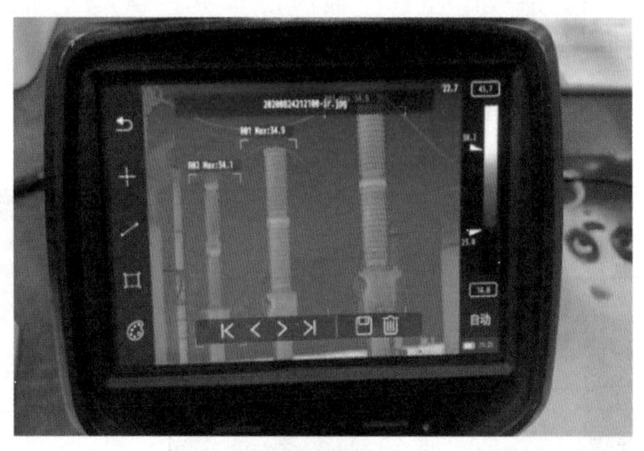

(b)红外检测图

图 3-14　电压互感器瓷瓶红外检测图

3. 管控措施

加强老旧电压互感器的运维工作，在极端天气下加强充油设备巡视力度，提前做好准备工作，尤其是对于CVT电容单元渗油问题，应立即安排渗漏油缺陷处理。

项目四

高压断路器运检一体化检修

【项目描述】

本项目包含高压断路器不同类型操动机构的动作原理、运维及专业巡视、关键部位运维检修要求、工艺质量标准等内容，通过对本项目的学习，使读者熟悉运维检修流程，掌握各类操动机构断路器原理、检查检修要求、异常现象处理等能力。

任务一　弹簧操动机构断路器运维检修

【任务描述】

本任务主要讲解弹簧操动机构的结构和动作原理、运行注意点、检修维护工艺及要点等内容，通过图解示意及案例分析等，使读者了解弹簧操动机构的内外部结构，熟悉弹簧操动机构动作原理，掌握运行巡视要求、检修维护关键工艺要求、注意事项、质量标准，并能处理运行过程中出现的异常情况。

【技能要领】

弹簧操动机构是一种以弹簧作为储能元件的机械式操动机构，弹簧的储能借助电动机通过减速装置来完成，并经过锁扣系统保持在储能状态。开断时，锁扣借助分、合闸线圈脱扣，弹簧释放能量，经过机械传递单元使触头运动。

一、弹簧操动机构的结构组成

弹簧操动机构主要由储能模块、合闸模块、分闸模块、辅助开关及其他电器元件组成，如图 4-1 所示。

储能模块包括储能电动机、储能保持掣子、合闸弹簧、储能行程开关、棘轮、棘爪等。合闸模块包括合闸掣子、合闸线圈、合闸保持掣子、凸轮、机械防跳装置、主拐臂、复位弹簧等。分闸模块包括分闸掣子、分闸线圈、挡块、拐臂、复位弹簧等。

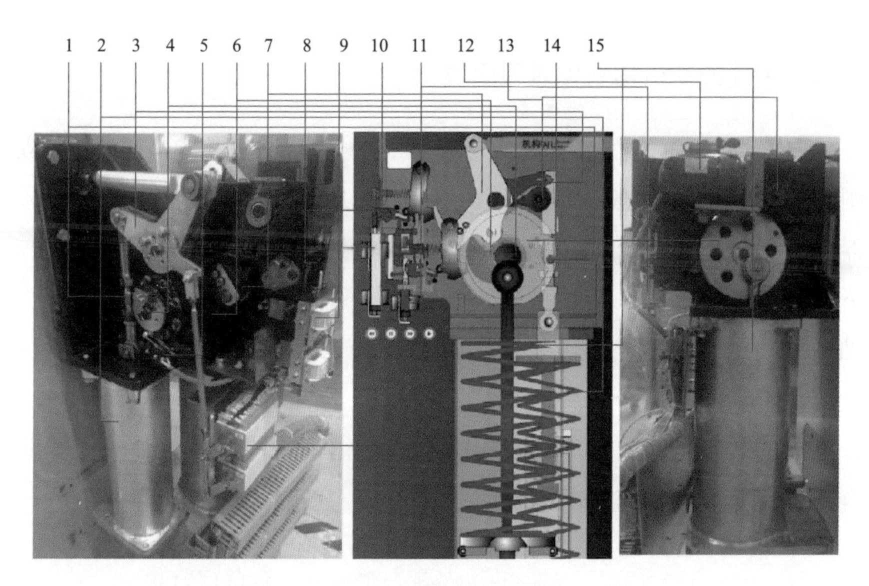

图 4-1 弹簧操动机构

1—缓冲器连杆；2—缓冲器；3—输出拐臂；4—主轴；5—限位开关；
6—凸轮；7—主拐臂；8—分闸掣子；9—分闸线圈；10—辅助开关；11—合闸线圈；
12—储能电机；13—储能齿轮、棘爪；14—储能棘轮；15—合闸弹簧

部分零部件外观如图 4-2 所示。

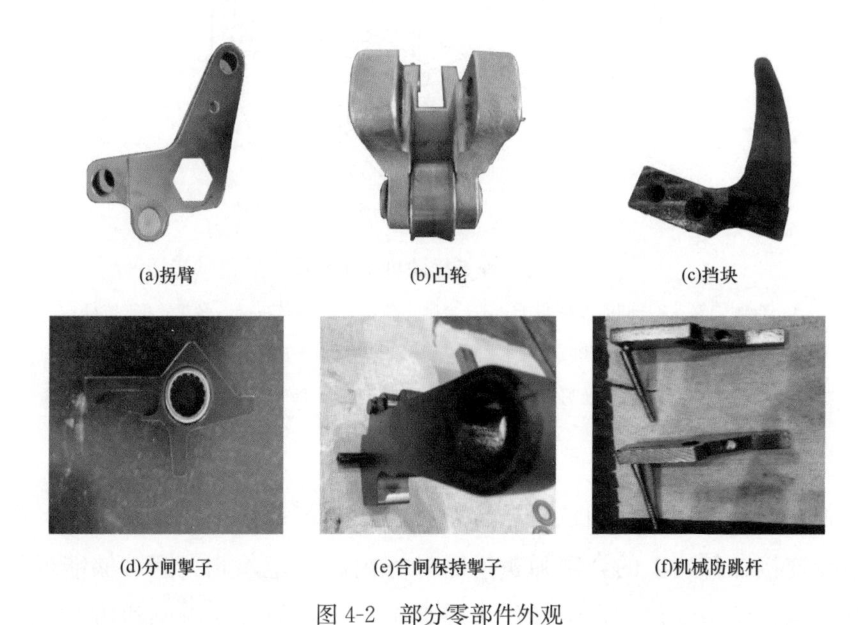

图 4-2 部分零部件外观

二、弹簧操动机构动作过程原理

弹簧操动机构示意图如图 4-3 所示。弹簧操动机构合闸操作完成后，合闸弹簧处于释放状态，如图 4-4 所示。棘爪轴通过齿轮与电机相连，断路器合闸到位后电机立即启动，对合闸弹簧进行储能。合闸弹簧储能动作如下：储能电机启动，使棘爪轴旋转；偏心轴的棘爪轴上的两个棘爪在棘爪轴的传动中与棘轮上的齿轮交替蹬踏棘轮，使棘轮转动；棘轮逆时针方向旋转，带动拉杆使合闸弹簧储能；通过死点后，合闸弹簧给棘轮轴以逆时针方向的转动力矩，此力矩通过合闸止位销被储能保持掣子锁住。图 4-5 为合闸弹簧储能后的机构状态。

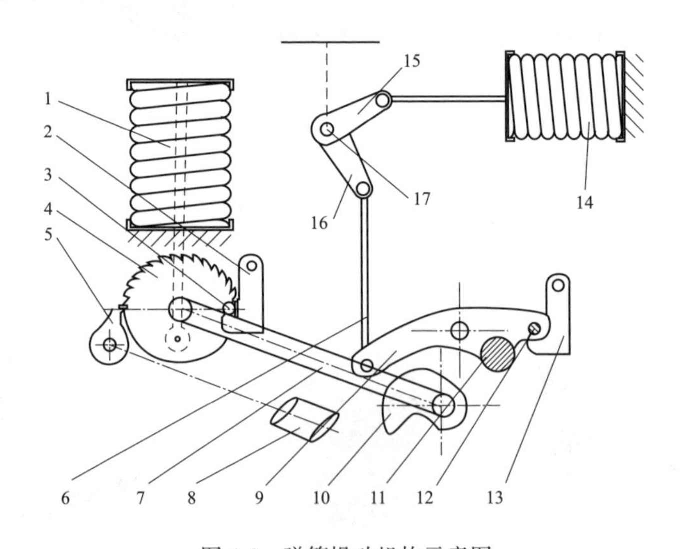

图 4-3 弹簧操动机构示意图

1—合闸弹簧；2—储能保持掣子；3—合闸止位销；4—棘轮；5—棘爪；6—拉杆；7—传动轴；8—储能电机；9—主拐臂；10—凸轮；11—磙子；12—分闸止位销；13—合闸保持掣子；14—分闸弹簧；15—分闸弹簧拐臂；16—传动拐臂；17—主传动轴

1. 合闸操作

弹簧操动机构在分闸位置、合闸弹簧已储能状态如图 4-6 所示，棘轮轴承受连接在棘轮上的合闸弹簧逆时针方向的力矩，此力矩被储能保持掣子和合闸止位销锁住。合闸操作步骤如下：合闸信号使合闸线圈带电，并使合闸撞杆撞击合闸掣子。合闸掣子以顺时针方向旋转，并释放合闸弹簧储能保持掣子，合闸弹簧储能保持掣子逆时针方向旋转，释放棘轮上的轴销。合闸弹簧力使棘轮带动凸轮轴以逆时针方向旋转，使主拐臂以顺时针旋转，断路器完成合闸。并同时压缩分闸弹簧，使分闸弹簧储能。当主拐臂转到行程末端时，分闸掣子和合闸保持掣子将轴销锁住，开关保持在合闸位置。

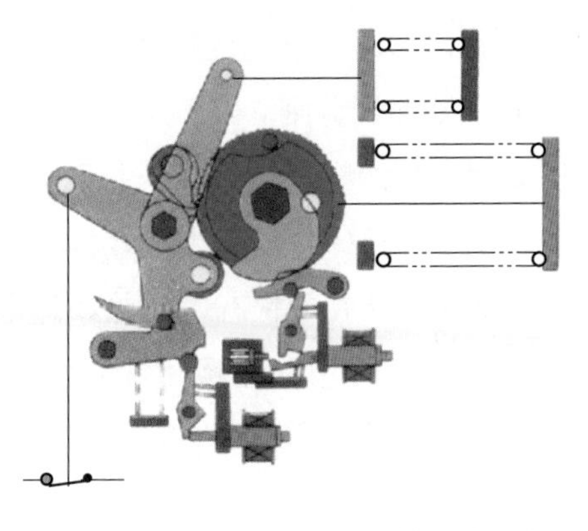

图 4-4　合闸位置、合闸弹簧释放状态

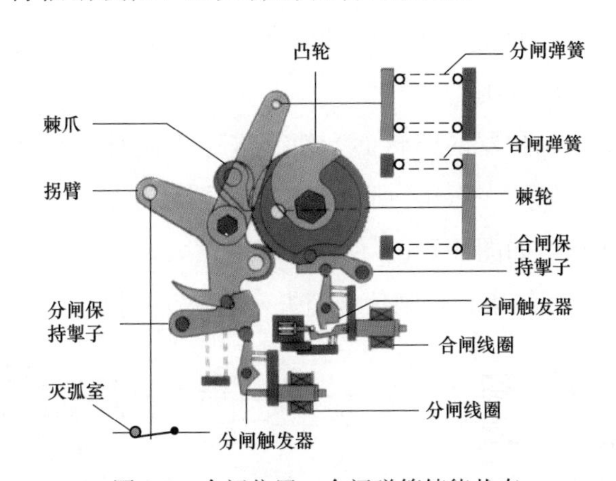

图 4-5　合闸位置、合闸弹簧储能状态

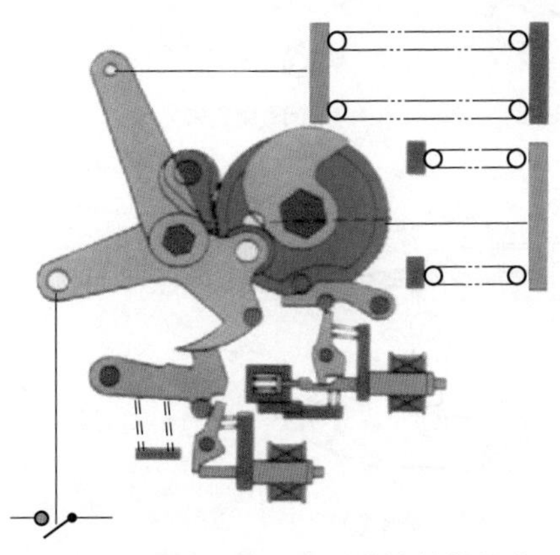

图 4-6　分闸位置、合闸弹簧储能状态

2. 分闸操作

弹簧操动机构在合闸位置，且分闸弹簧与合闸弹簧均已储能，如图 4-5 所示。拐臂受分闸弹簧逆时针方向的力矩，此力矩被合闸保持掣子与分闸止位销阻挡。分闸操作步骤如下：分闸信号使分闸线圈带电并使分闸铁心撞击分闸掣子，分闸掣子以顺时针方向旋转并释放合闸保持掣子，合闸保持掣子也以顺时针方向旋转释放主拐臂上的轴销，分闸弹簧力使主拐臂逆时针旋转，断路器分闸。

3. 机械防跳装置的动作过程

（1）图 4-7(a) 所示状态为开关处于分闸位置，此时合闸弹簧为储能（分闸弹簧已释放）状态，凸轮通过凸轮轴与棘轮相连，棘轮受到已储能的合闸弹簧力的作用存在顺时针方向的力矩，但在合闸触发器和合闸弹簧储能保持掣子的作用下使其锁住，开关保持在分闸位置。

（2）当合闸电磁铁被合闸信号励磁时，铁心杆带动合闸撞杆先压下防跳销钉后撞击合闸触发器。合闸触发器以顺时针方向旋转，并释放合闸弹簧储能保持掣子，合闸弹簧储能保持掣子逆时针方向旋转，释放棘轮上的轴销。合闸弹簧力使棘轮带动凸轮轴以逆时针方向旋转，使主拐臂以顺时针旋转，断路器完成合闸。

（3）滚轮推动脱扣器的回转面，使其进一步逆时针转动，脱扣器使脱扣杆顺时针转动，如图 4-7(b) 所示，从防跳销钉上滑脱；而防跳销钉使脱扣杆保持倾斜状态，如图 4-7(c) 所示。

（4）断路器合闸结束，合闸信号消失，电磁铁复位，如图 4-7(d) 所示。

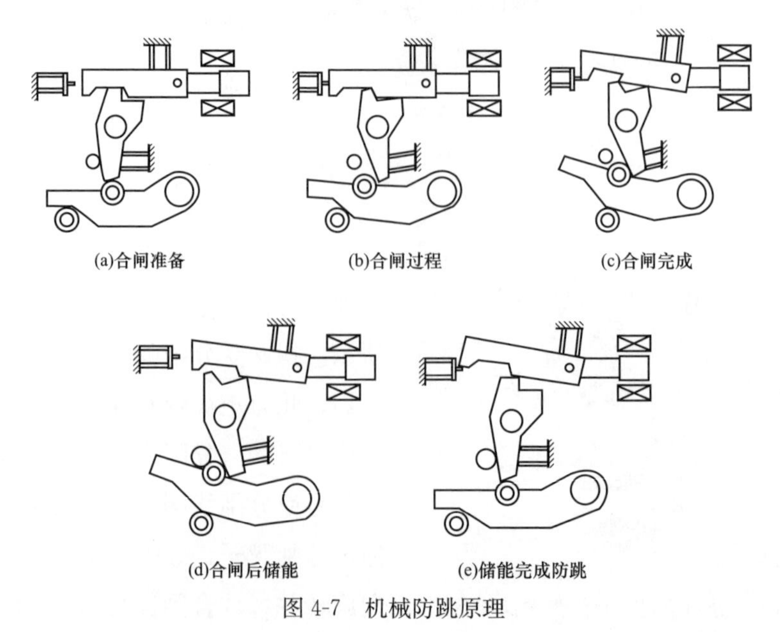

图 4-7 机械防跳原理

（5）如果此时断路器突然得到了分闸信号开始分闸，在分闸过程中只要合闸信号一直保持，脱扣杆由于防跳销钉的作用始终是倾斜的，从而使铁心杆不能撞击脱扣器，因此断路器不能重复合闸操作，如图 4-7(e）所示，实现防跳功能。

当合闸信号解除时，合闸电磁铁失磁，铁心杆通过电磁铁内的复位弹簧返回，则铁心杆和脱扣杆均处于图 4-7(a）所示的状态，为下次合闸操作做好准备。

三、检修维护关键点及工艺要求

1. 检查维护说明及标准

（1）巡视检查：日常巡视检查，用以检查机构的工作状况和异常情况。

1）全面外观检查：机构箱门处于关闭状态；观察窗无裂纹，密封条无脱落；机构外观无倾斜、变形，安装螺丝无松动。

2）箱体内检查：机构计数器读数；机构内部有无渗漏水或渗漏水部位；机构是否锈蚀或者锈蚀状态检查；机构内各部位螺栓紧固状态确认；缓冲器渗漏油确认；机构润滑状态检查。

（2）初次检查：检查机构运行 1 年后的工作状况。

1）全面外观检查（同巡视检查）。

2）箱体内检查（同巡视检查）。

3）设备特性试验：分合闸时间特性、速度特性、低电压值是否满足技术要求；各间隙尺寸是否满足技术要求。

（3）常规检查：设备处于停电检修状态下，对机构进行周期性检查。

检查要求同初次检查。

（4）详细检查：设备运行多年或运行至大修周期时，需要在停电状态下对机构进行大修检查。

1）全面外观检查（同巡视检查）。

2）箱体内检查（同巡视检查）。

3）设备特性试验（同初次检查）。

4）易损件检修：二次配线、常励磁继电器整体更换；缓冲器整体更换；

电机、电磁铁转配整体更换；其余易损零部件根据现场实际情况选择性更换。

(5) 专项检查：专项检查是一种特殊的检查和维护工作，这种检查用来排除设备某种质量隐患，以保证可靠运行。

检查要求：需提前制订专项检查方案并按照专项方案执行。

2. 关键部件检查维护要点

按图 4-1 所示项号，弹簧操动机构关键部件检查维护要点如表 4-1 所示。

表 4-1　　弹簧操动机构关键部件检查维护要点

图 4-1 项号	部件名称	检查维护要点
1	缓冲器连杆	紧固性确认
2	缓冲器	底部紧固及是否漏油
3	输出拐臂	连接螺栓、轴销紧固确认
4	主轴	两侧螺栓紧固性确认
5	限位开关	外观及紧固性确认
6	凸轮	润换保养
7	主拐臂	润换保养
8	分闸锁闩	外观及防锈保养
9	分闸电磁铁	紧固性及外观确认
10	辅助开关	传动部位紧固性及状态确认
11	合闸电磁铁	紧固性及外观确认
12	电机	外观及紧固性确认
13	储能齿轮、棘爪	润滑及外观确认
14	储能棘轮	外观、紧固性确认及润换保养
15	合闸弹簧装配	筒臂润滑确认

关键部件检查维护如下：

(1) 紧固性确认。

1) 图 4-8(a) 所示的螺栓分别起到限制棘轮和弹簧拉杆轴向窜动的作用，如果松动可能影响机构合闸时间的稳定性。

2) 图 4-8(b) 所示的凸轮轴末端的螺栓如果松动，会影响凸轮上零部件的轴向间隙，从而影响合闸稳定性。

3) 图 4-8(c) 所示的止位凸轮处的螺栓如果松动，可能会导致限位开关切换不可靠，引起储能电机动作的可靠性。

4) 图 4-8(d) 所示的分、合闸电磁铁的螺丝如果松动，将会引起铁心空程间隙变化，引起机构分、合闸的稳定性和可靠性。

5）图 4-8(e) 所示的缓冲器调节杆两端的螺母如果松动，可能会引起调节杆长度和凸轮间隙发生变化，从而影响机构合闸的可靠性。

(a)紧固件示意一

(b)紧固件示意二

(c)紧固件示意三

(d)紧固件示意四

(e)紧固件示意五

图 4-8　紧固件检查示意图

（2）分、合闸线圈间隙测量与维护方法。

1）分闸线圈间隙尺寸。

① 测量与检查：机构处在合闸位置时测量，测量前安装闭锁销，防止机构分闸伤人，如图 4-9(a) 所示。

② 行程的调试与维护：通过线圈下部的两个 M5 螺栓，可以调节线圈行程，如图 4-9(b) 所示。

③ 空程的调试与维护：通过调节线圈 M10 撞杆，可以调节线圈空程，如图 4-9(c) 所示。

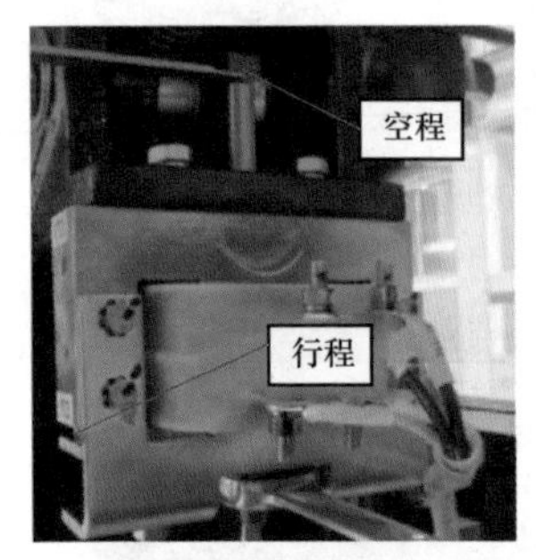

(a)分闸线圈间隙测量

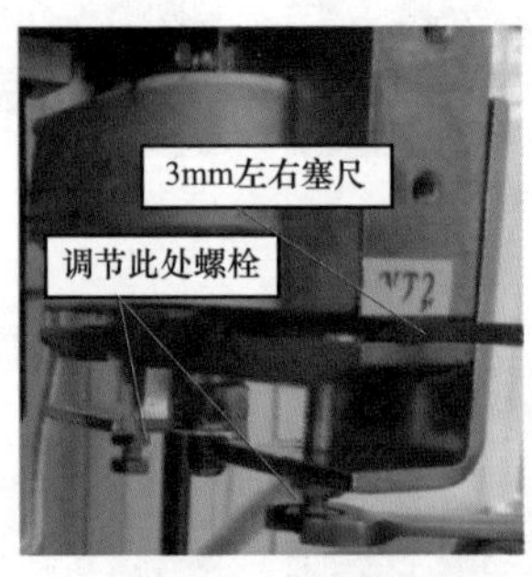

(b)分闸线圈行程调整

(c)分闸线圈空程调整

图 4-9　分闸线圈间隙测量与维护方法

2）合闸线圈间隙尺寸。

① 测量与检查：机构处于分闸位置，在合闸弹簧已储能状态下测量，如图 4-10(a) 所示。

② 行程的调试与维护：通过线圈下部的两个 M5 螺栓，可以调节线圈行程，如图 4-10(b) 所示。

③ 空程的调试与维护：通过调节线圈 M10 撞杆，可以调节线圈空程，如图 4-10(c) 所示。

（3）凸轮间隙测量与调整。凸轮间隙技术要求因不同厂家而异，该间隙尺寸会影响到机构的输出行程、断路器的合闸速度、影响合闸可靠性。

测量与检查：测量时机构应处于分闸状态，合闸弹簧已储能，使用塞尺测量凸轮间隙数值，如图 4-11(a) 所示。测量前必须安装合闸闭锁销，防止机构误合闸伤人。

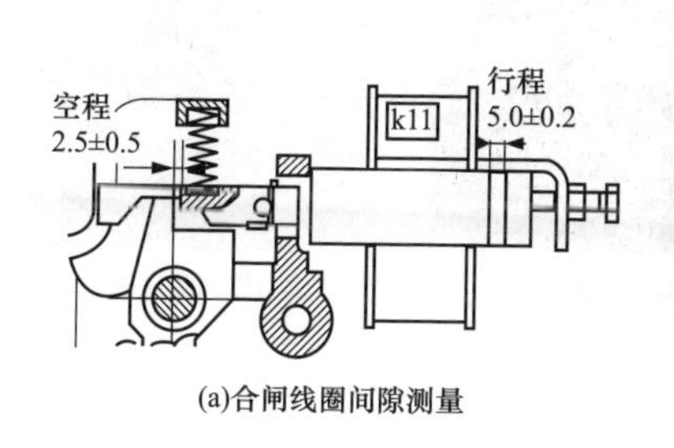

(a)合闸线圈间隙测量

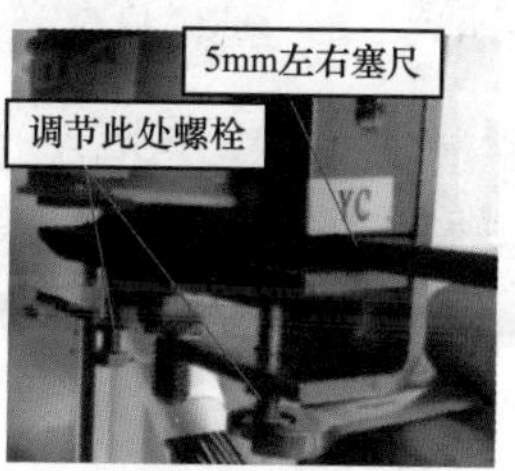

(b)合闸线圈行程调整

(c)合闸线圈空程调整

图 4-10 合闸线圈间隙测量与维护方法

调试与维护：若凸轮间隙不合格，对凸轮间隙进行调整，具体步骤如下：

1）拆下外拐臂与本体连杆连接的螺栓，脱开连杆，如图 4-11(b) 所示；

2）使用 32mm 扳手松开螺栓处的两个螺母，如图 4-11(c) 所示；

3）通过调节缓冲器调节螺杆的长度，可以调节凸轮间隙。若连杆长度变长，则凸轮间隙变小；若连杆长度变短，则凸轮间隙变大，如图 4-11(d) 所示；

4）凸轮间隙调整至满足技术要求后备紧螺母，画上紧固标识线，如图 4-11(e) 所示；

5）重新连接上本体连杆，紧固螺栓后画上紧固标识线，如图 4-11(f) 所示；

6）调整完毕后，复测机械特性。

(a)凸轮间隙测量

(b)凸轮间隙调整一

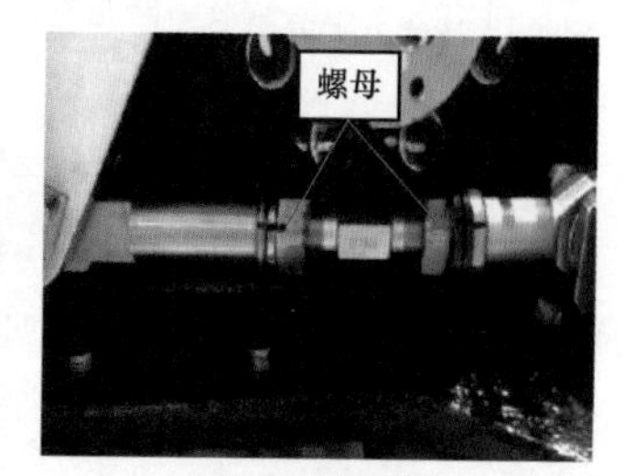

(c)凸轮间隙调整二

图 4-11 凸轮间隙测量与调整（一）

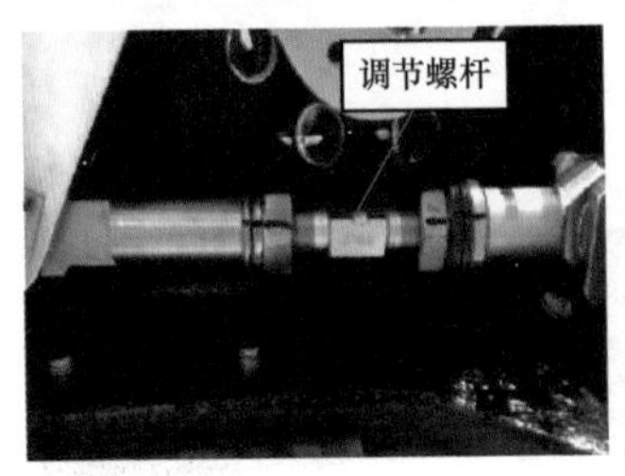

(d)凸轮间隙调整三

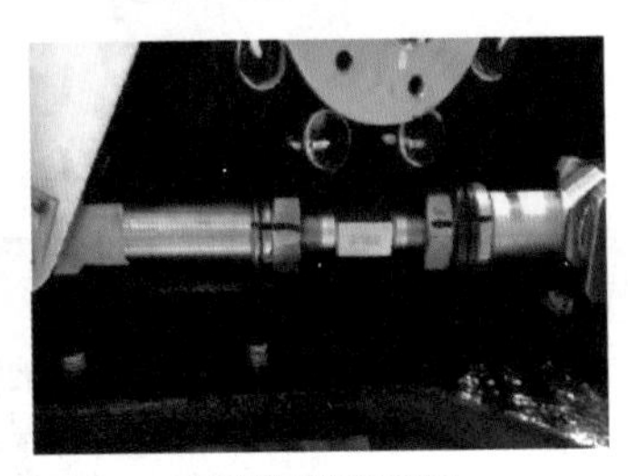
(e)凸轮间隙调整四

(f)凸轮间隙调整五

图 4-11 凸轮间隙测量与调整（二）

【缺陷处置】

弹簧操动机构缺陷性质、现象、分类及处理原则见表 4-2。

表 4-2 弹簧操动机构的缺陷性质、现象及等级分类

序号	缺陷性质	缺陷现象	缺陷分类	处理原则
1	弹簧未储能	弹簧无法储能，造成操动机构无法正常工作	危急	立即安排带电处理，需停电处理的，立即安排停电处理
2	储能超时	储能时间超过整定的时间定值，断路器报储能超时信号，但弹簧能储能	严重	优先安排带电处理
3	控制回路断线	控制回路断线、辅助开关切换不良或不到位	危急	立即安排带电处理，需停电处理的，立即安排停电处理
4	远方/就地切换开关失灵	开关无法遥控/就地操作	严重	原则上安排带电处理
5	分、合闸线圈烧损	分、合闸线圈烧毁	危急	立即安排停电处理
6	储能电机损坏	储能电机转动时声音、转速等异常	危急	原则上安排带电处理，如需停电处理的，立即安排停电处理
7	缓冲器变形、老化	缓冲器变形老化	严重	优先安排带电处理。需要停电处理的，应尽快安排停电处理
		缓冲器无油	危急	立即安排停电处理
		缓冲器漏油，设备上有明显油渍	严重	优先安排带电处理。需要停电处理的，应尽快安排停电处理
		缓冲器渗油	一般	优先安排带电处理。需要停电处理的，跟踪缓冲器渗漏油状态，根据渗油情况安排停电处理

续表

序号	缺陷性质	缺陷现象	缺陷分类	处理原则
8	机构箱变形、锈蚀	机构箱因锈蚀造成密封不严、锈蚀等，暂不影响设备运行	一般	结合检修处理，视变形、锈蚀情况安排带电处理
9	机构箱加热器损坏	加热器电源失去、自动控制器损坏、加热电阻损坏等	一般	带电处理
10	机构箱密封不良受潮、进水	机构箱封堵不严，机构箱门密封圈老化，导致箱内空气湿度较大；箱内设备表面有凝露，影响机构箱内二次回路的绝缘性能	严重	优先安排带电处理。需要停电处理的，跟踪机构箱受潮情况，根据停电计划安排处理
11	二次回路线缆破损、老化	二次线缆绝缘层有变色、老化或损坏等	严重	优先安排带电处理。需要停电处理的，应尽快安排停电处理
12	接线端子排锈蚀	接线端子排有严重锈蚀	严重	优先安排带电处理。需要停电处理的，应尽快安排停电处理
13	动作计数器失灵	动作计数器不能正确计数	一般	带电处理
14	照明灯不亮	更换正常灯泡仍不亮，无法满足夜间照明需求，但可以借助其他照明设备不影响设备运行	一般	带电处理
15	辅助（行程）开关破损	辅助开关外表开裂、破损，但够实现正常导通，不影响设备运行	一般	优先安排带电处理。需要停电处理的，应尽快安排停电处理
16	辅助（行程）开关切换不良	辅助开关接触不良，造成操动机构无法正常工作	危急	优先安排带电处理，需要停电处理的，应立即安排停电处理
17	交流接触器故障	接触器无法励磁，造成操动机构无法正常工作	危急	优先安排带电处理。需要停电处理的，应立即安排停电处理
18	空气开关合上后跳开	造成操动机构无法正常工作的空气开关合上后跳开	严重	带电处理
		照明、加热器等不影响设备运行的空气开关合上后跳开	一般	带电处理
19	熔丝放上后熔断	造成操动机构无法正常工作的熔丝放上后熔断	严重	带电处理
		照明、加热器等不影响设备运行的熔丝放上后熔断	一般	带电处理

【典型案例】

一、220kV断路器弹簧机构“拒合”缺陷

1. 案例描述

2020年6月13日，某变电站＃2主变220kV断路器在操作过程中，A、B相机构合上，C相机构出现卡滞未能合上，2.5s后三相不一致动作分开A、B相断路器，0.2s后C相断路器合闸，再次发生三相不一致动作现象。经检修人员对机构进行现场排查，测量凸轮间隙为0.6mm（技术要求为1.5±0.2mm），三相合闸特性均不合格。将三相机构凸轮间隙调整至1.5mm再进行测试，断路器特性合格，正常送电。

2. 原因分析

（1）合闸卡滞原因分析。合闸动作原理为合闸电磁铁受电后，动铁心（撞杆）运动使合闸锁闩打开。失去约束的合闸保持掣子在合闸弹簧力作用下释放棘轮上的合闸止位销，棘轮通过主轴带动凸轮作用于输出轴主拐臂上的磙子，带动外拐臂转动，从而驱动本体拐臂盒转动并使本体合闸，并对分闸弹簧储能。当断路器合闸到位后，分闸脱扣器又将主拐臂上的分闸止位销锁住，如图4-12和图4-13所示。根据制造及使用经验，综合考量造成合闸卡涩的可能因素如下：

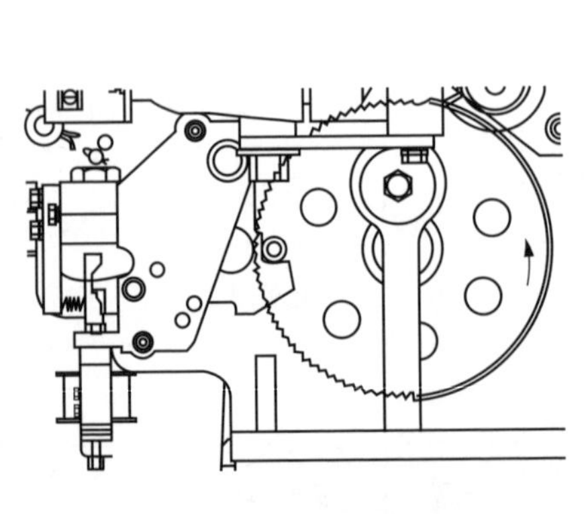

图4-12 合闸锁扣装配图

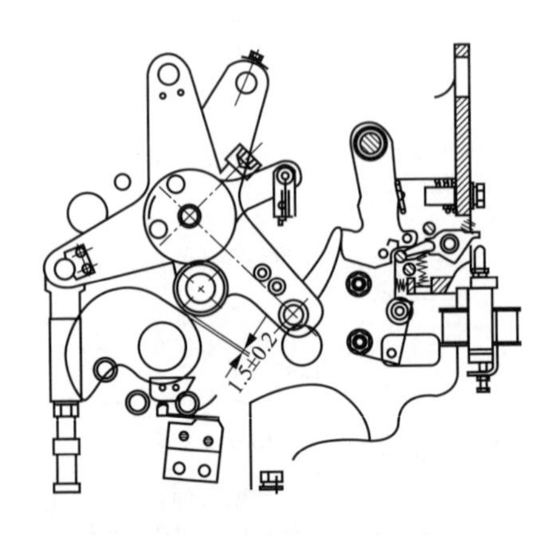

图4-13 合闸脱扣结构示意图

1）动铁心初始位置偏离设定值。

2）动铁心打击行程不足或电磁铁动作卡滞。

3）合闸速度过低。

4）润滑不良或锈蚀卡滞。

5）二次回路原因。

6）凸轮间隙不合格。

如图 4-14 所示，主拐臂磙子与凸轮间必须存留指定大小的间隙，才能保证合闸弹簧的能量可靠释放和合闸启动初始转矩，传递输出拐臂，满足合闸速度和时间要求。若凸轮间隙偏小，造成启动力矩过小，导致在合闸过程中，合闸加速度偏低，产生合闸卡涩现象，合闸速度低，时间长；凸轮间隙越小，卡涩几率越大。

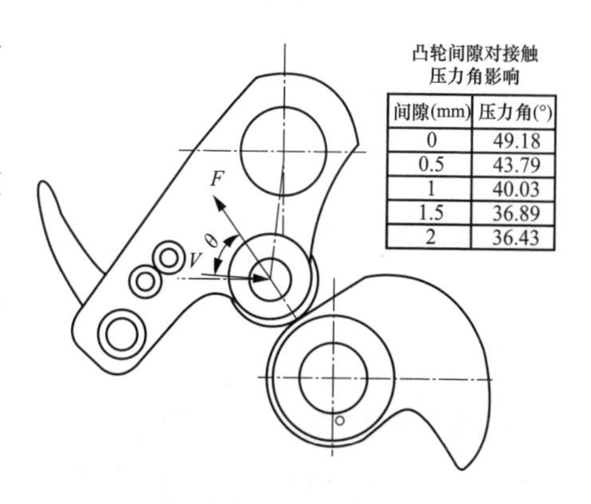

间隙(mm)	压力角(°)
0	49.18
0.5	43.79
1	40.03
1.5	36.89
2	36.43

图 4-14　凸轮间隙示意图

根据设计要求，凸轮间隙为 1.5±0.2mm。实际卡滞相凸轮间隙测量为 0.6mm，因此，凸轮间隙变小会造成合闸卡滞。

（2）凸轮间隙不合格原因分析。针对该变电站 ZF11B－252 断路器配弹簧机构出现部分产品凸轮间隙超出技术规定值的情况，厂家将三相机构配本体，重新进行试验验证，操作到 220 次左右时，发现 A 相机构凸轮间隙由 1.5mm 变为 1.0mm，C 相机构凸轮间隙由 1.5mm 变为 1.3mm，存在变小的情况，B 相机构凸轮间隙无变化。检查发现：

1）缓冲器双头连杆不存在松动情况。

2）凸轮间隙变化机构缓冲器的活塞杆和夹叉转动，活塞杆往下旋转。

在考虑整个产品结构时，发现 3 个机构在同一机构箱内，ZF11B－252 断路器本体与机构通过一根连杆连接，靠两侧门型架支撑，柔性较大，产品在分、合闸时振动大，存在分散性，会造成凸轮间隙变化，如图 4-15 所示。

图 4-15　断路器本体与机构示意图

缓冲器结构如图 4-16 所示，活塞杆与夹叉依靠螺纹连接，夹叉另一端通过销轴连接到连杆上。储能后，缓冲器连杆长度决定输出轴角度，从而决定了主拐臂位置。

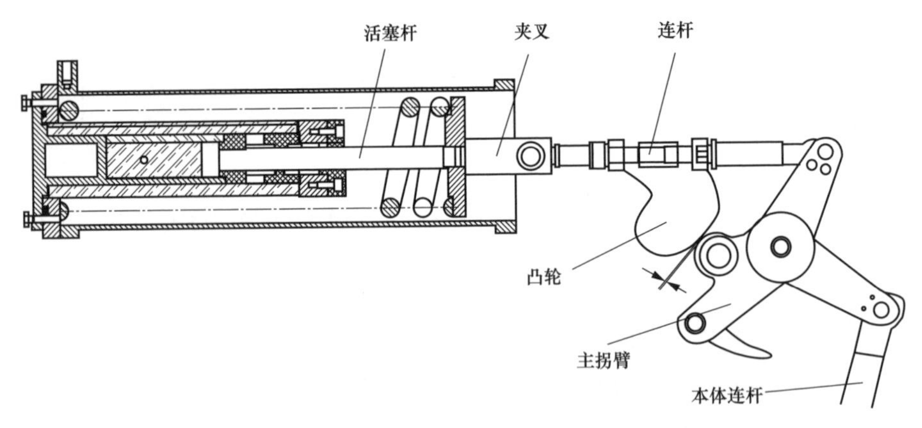

图 4-16　缓冲器结构和弹簧机构断路器布置示意图

在正常情况下由于螺纹具有自锁性，缓冲器夹叉与活塞杆之间不会相对转动；但在分、合闸操作时，夹叉与活塞杆间会产生短时间隙，在产品振动的影响下，活塞杆可能会产生蠕动，多次操作后造成活塞杆与夹叉相对转动，引起凸轮间隙变化。

夹叉转动时会向远离分闸弹簧的方向旋转，相当于连杆长度变长，导致主拐臂顺时针旋转，凸轮间隙会相应减小。缓冲器夹叉与活塞杆在产品分、合闸振动时相对转动，此为凸轮间隙变化的原因。

3. 防控措施

（1）建议结合检修停电计划，对机构凸轮间隙进行检测和调整，保证间隙在技术要求范围前提下，再调试特性合格。

（2）特性合格后，在缓冲器夹叉处增加紧钉螺钉，防止活塞杆与夹叉出现相对转动，造成凸轮间隙变化，使产品可靠运行。

二、220kV 断路器弹簧机构拒分缺陷

1. 案例描述

2020 年 10 月 12 日，某 220kV 变电站＃1 主变压器停役操作中，拉开＃1 主变压器 220kV 断路器时报“三相不一致动作”，现场检查发现断路器 A 相分位，B、C 相合位，同时机构箱冒烟并有烧焦气味，于是运维人员拉开汇控柜控制回路电源。10 月 30 日，对该变电站＃2 主变压器 220kV 断路器进行首检，操作时 B 相分闸，A、C 相无法分闸。11 月 3 日，对变电站其他 5 个间隔的断路器进行拉合试验，其中 4 个间隔出现拒分现象。

2. 原因分析

如图 4-17 所示，正常分闸操作时，分闸电磁铁吸合，分闸电磁铁撞杆触发分闸掣子，分闸掣子逆时针旋转，合闸保持掣子在拐臂的分闸力矩作用下逆时针旋转，分闸弹簧带动拐臂顺时针旋转，分闸弹簧释放能量，完成分闸。

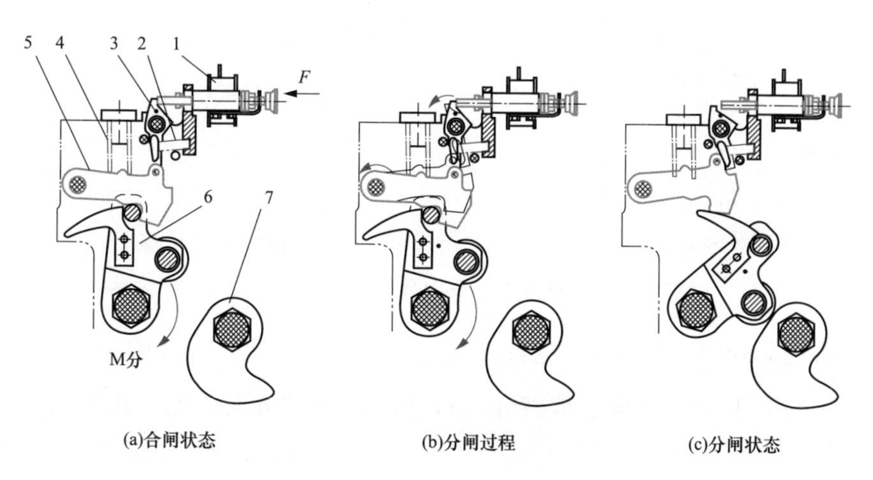

图 4-17　分闸操作过程中分闸掣子状态

1—分闸电磁铁；2—分闸掣子复位弹簧；3—分闸掣子；4—合闸保持掣子复位弹簧；5—合闸保持掣子；6—拐臂；7—合闸凸轮

本次拒分异常发生时的典型表现为，分闸掣子已动作到位，与合闸保持掣子完全脱开，但合闸保持挚子未动作。通过人工按压分闸线圈铁心、拨动分闸挚子仍无法实现分闸，说明此时主拐臂销轴、合闸保持掣子和合闸保持掣子复位弹簧形成了自平衡，导致机构拒分。各弹簧计量值符合设计要求，表明分闸力在正常范围，在此基础上进行以下分析。

（1）受力分析。

正常合闸状态下，分闸弹簧向拐臂提供 24120N 的力，合闸保持掣子复位弹簧向合闸保持掣子提供 729N 的压力（2016 年产品改进后从 439N 增加到 729N）。根据力矩相等原则，计算得到拐臂轴销向合闸保持掣子接触面输出 27242N 的压力，分闸掣子向合闸保持掣子提供 1856N 向下的压力，如图 4-18 所示。

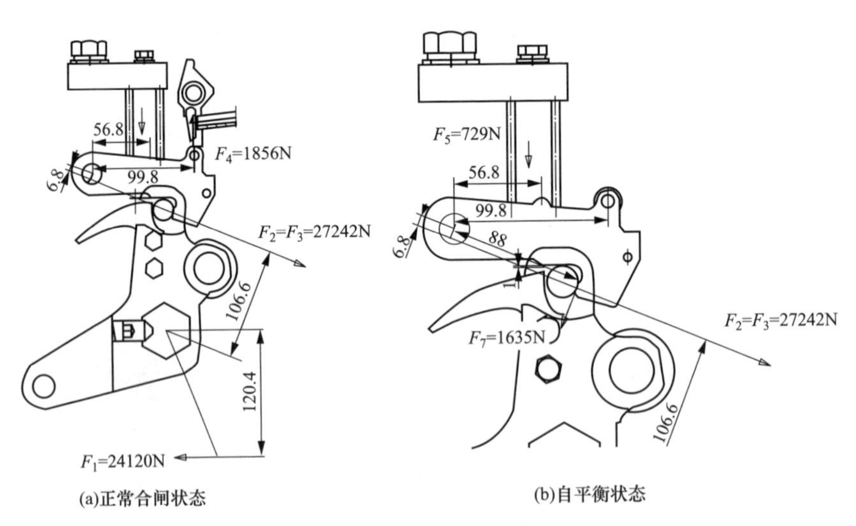

图 4-18 受力分析示意图

机构分闸时，分闸掣子动作，合闸保持掣子失去由分闸掣子提供的 1856N 向下压力，平衡态被破坏，将逆时针转动进而分闸。正常情况下，此时轴销与轴承形成的滚动摩擦力 F_7 几乎可以忽略，不会阻碍合闸保持掣子逆时针。拒分时，阻力 F_7 与复位弹簧压力 F_5、轴销压力 F_3 形成力矩平衡，使合闸保持掣子自平衡。根据力矩相等原则，计算此时阻力 F_7 为 1635N，若该阻力为摩擦力，则当合闸保持掣子与轴销间的摩擦系数大于

$F_7/F_3=1635/27242=0.06$ 时，机构将会拒分。正常情况下该处摩擦系数为滚针轴承摩擦系数，约 0.002～0.003，远小于拒分要求。

（2）异常阻力来源与原因分析。

根据返厂检查和试验结果，推断本次拒分的阻力 F_7 来源有两方面因素：

1）合闸保持掣子和轴销质量存在大面积缺陷，两者接触面的平面度较差，存在较为明显的凹陷；同时合闸保持掣子接触面粗糙度大于图纸设计要求；经查钢与钢间动摩擦系数无润滑时为 0.15，有润滑时为 0.05～0.1。由于上述缺陷存在，合闸保持掣子、轴销和轴承之间的摩擦系数将进一步增大。

2）轴销和拐臂间采用 RNA/RNAV5902 滚针轴承连接，轴承涂抹低温 2 号润滑脂，正常情况下摩擦系数为 0.002～0.003。该变电站拒分断路器已有两年时间未动作，轴承长期处于高载荷静止状态。轴承长期静止，其接触面油膜厚度会逐渐下降，且高载荷会进一步降低油膜厚度，进入乏油润滑状态，可使摩擦系数上升一个数量级。同时润滑脂长期放置，会氧化变质、结成硬块，进一步增大摩擦。当分闸动作后，轴承中润滑脂将重新融合分布，改善润滑情况并降低摩擦力，从而造成现场拒分异常出现一次后无法复现的现象。

当轴承滚动摩擦系数上升时，合闸保持掣子、轴销和轴承之间将逐渐进入滚动摩擦与滑动摩擦的过渡区域，上述两方面因素将综合影响合闸保持掣子和轴销间的摩擦力 F_7。本次返厂试验通过在合闸保持掣子、轴销和轴承之间涂抹黏性胶体，增大其摩擦力，成功复现拒分现象。综上所述，该变电站断路器拒分的主要原因应为合闸保持掣子与拐臂轴销质量不佳，加之弹簧操动机构在长期不动作的情况下，机构润滑水平降低，造成分闸脱扣系统阻力增大，合闸保持掣子产生自平衡。

（3）机构拒分后延时分闸原因分析。

现场部分机构在拒分一段时间后，无操作自动分闸。这是因为分闸线圈顶针撞击分闸掣子动作后，分闸掣子复位弹簧力理论上无法将分闸掣子压回原位置，若此时摩擦阻力 F_7 不足或有所减小，合闸保持掣子和轴销可能在轻微位移后达到临界进而自动合闸。

3. 防控措施

（1）建议对该型号断路器机构拒分现象开展仿真建模，进一步明确异常原因，量化粗糙度、平面度等数值对机构拒分概率的影响程度。

（2）建议厂家针对如何提高合闸保持掣子和轴销接触面耐磨能力和平整度、如何预防轴承长期不动作后阻力增大等关键问题开展研究和技术改进。

（3）对省内同型号机构进行排查，结合停电检修对轴销和合闸保持掣子进行更换。更换前，厂家应对全部待更换部件进行复检，逐件检测外观、工作表面粗糙度及关键尺寸，按批抽检工作面硬度，并出具检测报告。更换时应加强润滑工艺控制，避免过量涂抹润滑脂。

（4）严格按《国家电网公司十八项电网重大反事故措施》（修订版）“三年内未动作过的 72.5kV 及以上断路器，应进行分/合闸操作”的要求，对断路器进行传动操作，结合停电加强机构间隙测量、关键零部件检查、传动顺畅性检查，并对传动部件进行适当润滑。

任务二　液压操动机构断路器运维检修

【任务描述】

本任务主要讲解液压操动机构断路器的结构和动作原理、运行要点、检修维护工艺及要点等内容。通过图解示意及案例分析等，使读者了解液压操动机构内外部结构、熟悉液压操动机构动作原理，掌握运行巡视要求、检修维护关键工艺要求、注意事项、质量标准，并能处理运行过程中出现的异常情况。

【技能要领】

一、液压操动机构结构组成

（1）储能机构：包括储能电机、油泵、储压器、油箱（每相）、过滤器、管路和电动机的控制保护装置等。

（2）电磁系统：包括合闸线圈、分闸线圈、压力开关、压力表、接线板和继电器等。

（3）液压系统：采用差动式双向液压传动，包括合闸阀、分闸阀、安全阀、工作缸和管路等。

液压操动结构如图 4-19 所示。

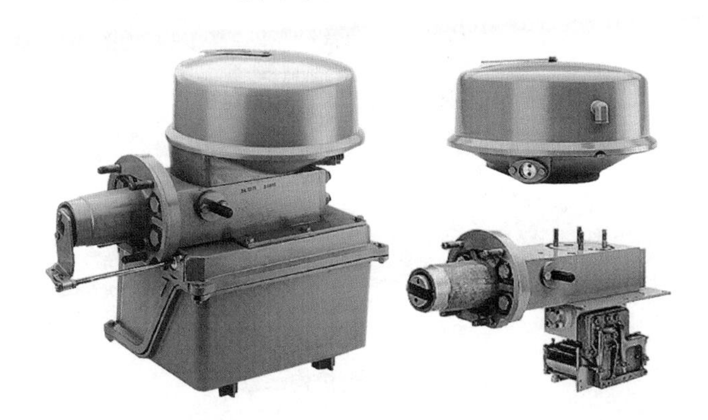

图 4-19　液压操动机构结构

液压操作系统如图 4-20 所示。

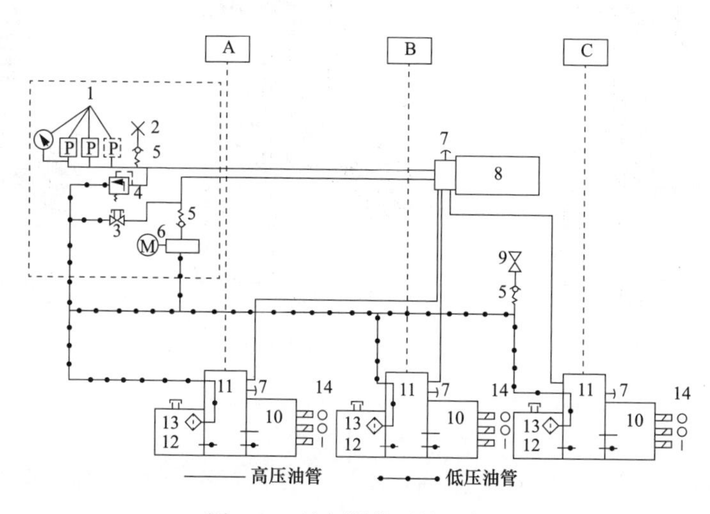

图 4-20　液压操作系统示意图

1—油压监控阀块（含油压接点、油压表）；2—测压接口；3—泄压阀；4—安全阀；5—逆止阀；6—油泵（含电机）；7—排气阀；8—储能筒；9—放油阀；10—液压控制阀块；11—操作缸；12—储油箱；13—注油口滤网；14—合、分闸线圈

二、液压操动机构动作过程

液压操动机构示意图及操动过程如图 4-21 和图 4-22 所示。

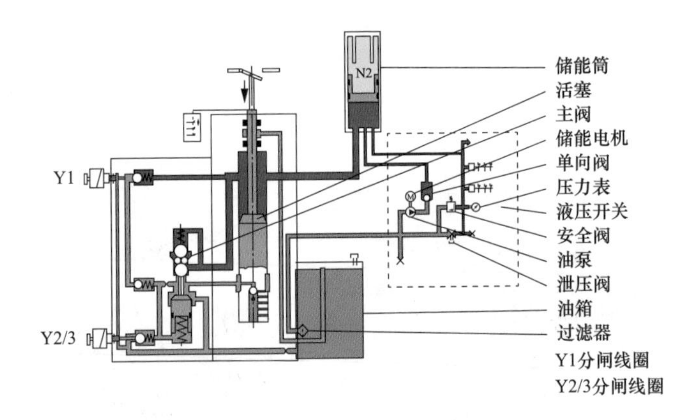

图 4-21　操动机构示意图

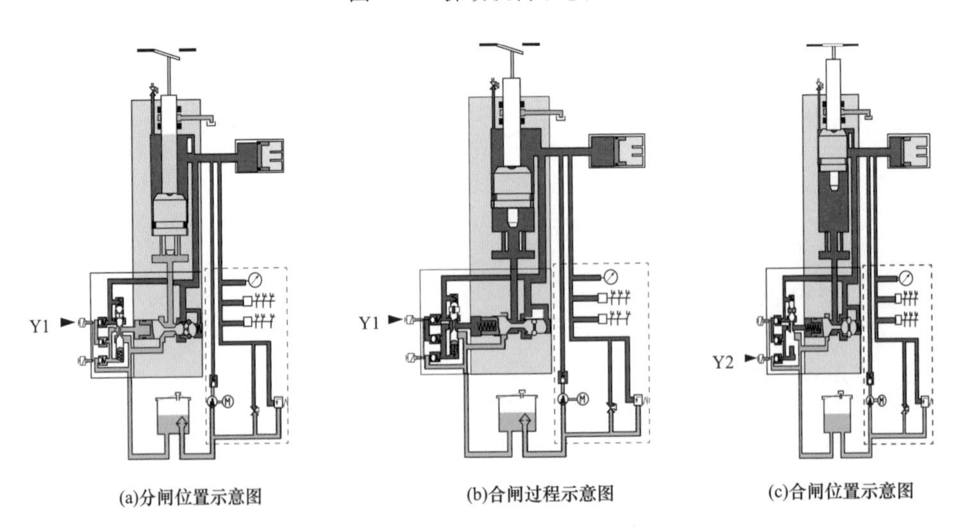

图 4-22　合闸过程示意图

断路器分闸位置如图 4-22(a) 所示，红色部分为高压油，蓝色部分为低压油。合闸时合闸阀打开，高压油进入操作缸合闸侧，合闸侧的压力大于分闸侧的压力。断路器合闸动作过程如图 4-22(b) 所示，最终合闸位置如图 4-22(c) 所示。

断路器合闸位置如图 4-23(a) 所示，红色部分为高压油，蓝色部分为低压油。分闸时分闸阀打开，操作缸合闸侧液压油失压，分闸侧的压力大于合闸侧的压力。断路器分闸动作过程如图 4-23(b) 所示，最终分闸位置如图 4-23(c) 所示。

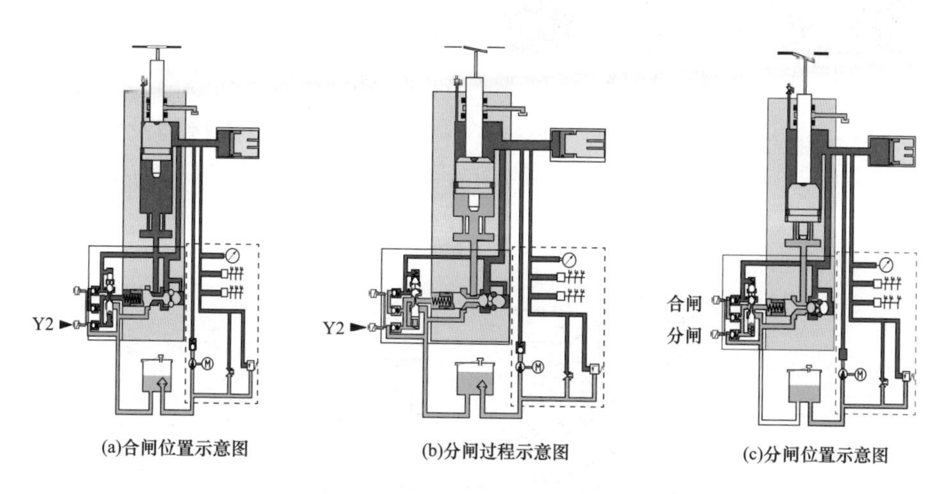

(a)合闸位置示意图　(b)分闸过程示意图　(c)分闸位置示意图

图 4-23　分闸过程示意图

三、检修维护关键点及工艺要求

1. 防水防尘防腐性能检查。

检查机构箱密封部位的防水防尘性能，检查位置如图 4-24 和图 4-25 所示。

图 4-24　机构箱封罩

图 4-25　机构箱侧面封盖

图 4-26 机构箱发泡条

必要时更换机构箱发泡密封条，位置如图 4-26 所示。

2. 传动部件检查维护

在传动部位上的检查维护工作，需释放油压至零后进行。

3. 机构连杆连接检查

检查机构连杆连接销及锁紧垫片有无松动，位置如图 4-27 所示。

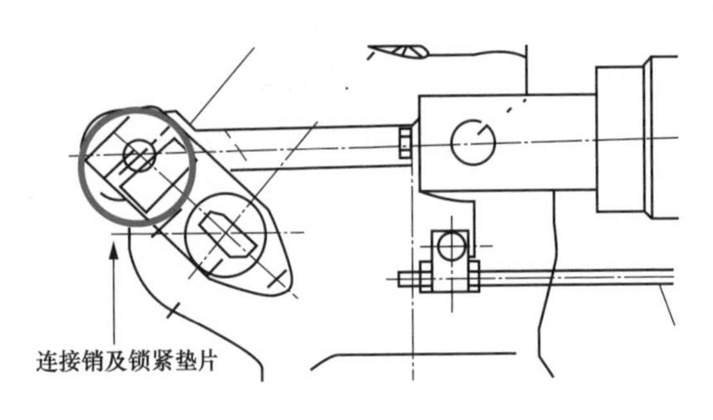

图 4-27 机构操作杆

4. 辅助开关检查

（1）拆开机构箱封盖，检查辅助开关操作杆是否连接可靠、传动是否灵活，位置如图 4-28 所示。

（2）检查插接件连接是否紧密、接触是否良好，如图 4-29 所示。

图 4-28 辅助开关传动杆

图 4-29 辅助开关

5. 分、合闸线圈检查（见图 4-30）

（1）打开机构箱封盖及侧板，检查线圈固定螺栓是否紧固，必要时使用型号为 40Nm 的力矩扳手进行紧固检查。

（2）按压线圈铁心，检查按压时是否有迟滞感，必要时拆下线圈，打开外壳检查。

图 4-30　分、合闸线圈

（3）用手逐个按压分、合闸线圈的接线鼻，检查线圈插线是否可靠。

（4）检查线圈阻值是否在合格范围之内；当控制电压为 DC110V 时，普通线圈阻值为（合、分闸）45(1±6%)Ω，快速线圈阻值为（分闸）4.5(1±6%)Ω；当控制电压为 DC220V 时，普通线圈阻值为（合、分闸）145(1±6%)Ω，快速线圈阻值为（分闸）4.5(1±6%)Ω。

6. 液压机构检查维护

液压操作机构的整个液压系统按安装分布位置可分为液压管路部分、操动机构部分、油压储能及其控制部分。

图 4-31　油管接口

（1）管路接口检查维护。检查液压油管路接口是否有渗漏，检查位置如图 4-31 所示。

（2）液压系统操作机构检查维护。拆开机构箱封盖，检查封盖是否有液压油渗漏油渍，检查主阀密封面是否有渗漏。如发现机构主阀有渗漏，清洁渗漏部位；如还有液压油渗出需更换主阀。检查位置如图 4-32 和图4-33所示。

（3）检查油泵进油口软管。检查油泵进油口软管，如图 4-34 所示，如有龟裂则更换。

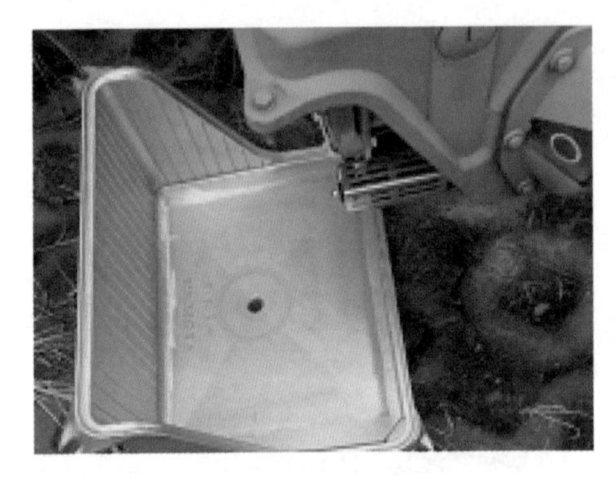

图 4-32 油箱盖底部

图 4-33 主阀密封面

（4）液压油油质检查。通过观察油窗检查油质，液压油应透明、无沉淀，无悬浮物，检查位置如图 4-35 所示。如液压油油质不符合要求，需更换液压油。

（5）液压油排气。在运行中若发现断路器有压力下降后补压时间变长，或频繁打压，或油泵运行但压力不上升的情况，可以在不停电的情况下对油泵排气，待断路器检修时可对整个液压系统进行排气。

图 4-34 低压油管

图 4-35 油观察窗

7. 氮气预充压力检查

如果氮气预充压力偏低，需更换新的氮气储能筒，检查步骤如下：

（1）断开储能空气开关，液压系统卸压至零压；

（2）关闭泄压阀，合上储能空气开关；

（3）油压表指针会快速上升至某一压力值而后开始缓慢上升，该压力值即为氮气预充压力；

（4）反复以上步骤多次（3～5次）后方可得到预充压力的准确值。

8. 相关功能校验

油压接点采用机械式压力接点和电子式压力接点两种形式，如图4-36和图4-37所示，其接点共有6副，分别对应：① 自动启泵油压接点，320bar；② 重合闸闭锁油压接点，308bar；③ 合闸闭锁油压接点，273bar；④ 分闸闭锁油压接点（两副），253bar；⑤ 氮气泄漏闭锁油压接点，355bar。

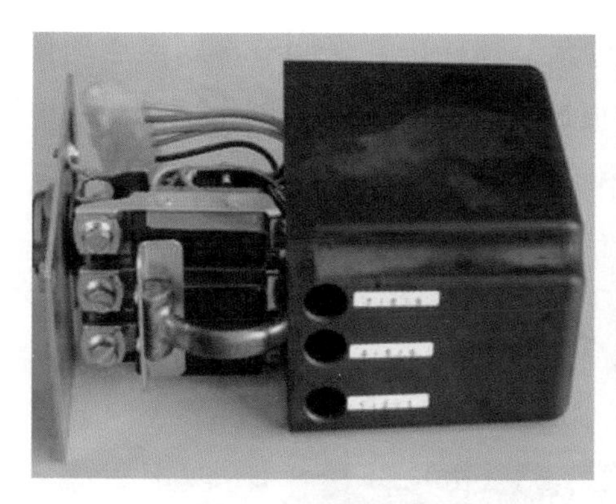

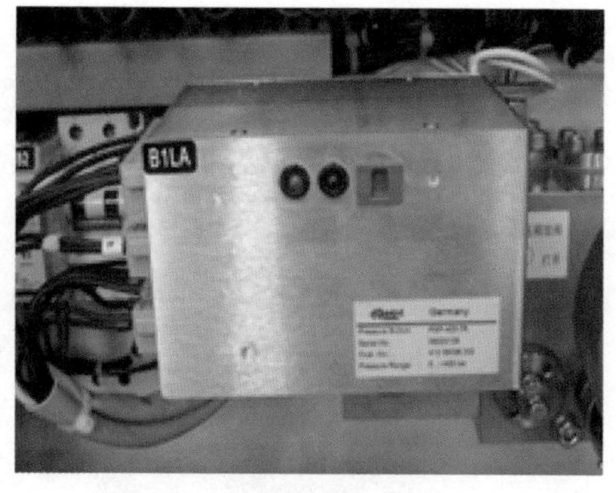

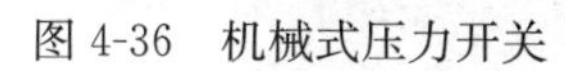
图4-36　机械式压力开关

图4-37　电子式压力开关

（1）启泵接点校验。打开泄压阀，泄压至油泵启动值（32.0±0.4）MPa以下时，油泵自动启动，打压至额定32.6MPa即停泵。

（2）自动重合闸闭锁。切断电动机电源，打开泄压阀，泄压至自动重合闸闭锁（30.8±0.4）MPa以下时，继电器K4得电，断路器不能进行重合闸。

（3）合闸闭锁。使断路器处于分闸状态，然后泄压至合闸闭锁（27.3±0.4）MPa以下时，合闸闭锁继电器K12LA/LB/LC释放，就地或远方进行合闸操作，断路器不应有合闸动作。

（4）油压分闸闭锁功能校验。使断路器处于合闸状态然后泄压至分闸闭锁（25.3±0.4）MPa以下，分闸总闭锁继电器K10/K55（部分断路器第二套闭锁继电器为 K26）释放，就地或远方进行分闸操作，断路器不应有合闸动作。

（5）氮气泄漏报警、闭锁功能校验。按住继电器 K9，强制打压至（35.5±0.4）MPa 以上；氮气泄漏报警信号发出，同时闭锁合闸（合闸闭锁继电器 K12LA/LB/LC 释放）；时间继电器 K14 延时 3h 后闭锁分闸［分闸总闭锁继电器 K10/K55（部分断路器第二套闭锁继电器为 K26）释放］，此时断路器无法电气分、合闸；闭锁后用 S4 复位（实际检测时可将时间继电器整定时间调小到几秒，等校验结束后，恢复时间整定）。

1）检查动作值，必要时进行调整。部分机械式压力开关的动作值随运行年份的增加会有一些变化，可以通过调节螺栓位置来调节每副接点动作值，如图 4-38 所示，顺时针方向动作值调低，逆时针方向动作值调高。电子式压力开关出厂时已通过专用软件和数据转换器在电脑上进行调整。

2）润滑机械式压力接点顶针。如果采用了机械式压力开关（见图 4-39），可能由于受潮而氧化生锈，导致节点动作卡涩，因此需定时进行润滑（建议使用多功能防锈剂 WD40）。

4-38　机械式压力开关调整

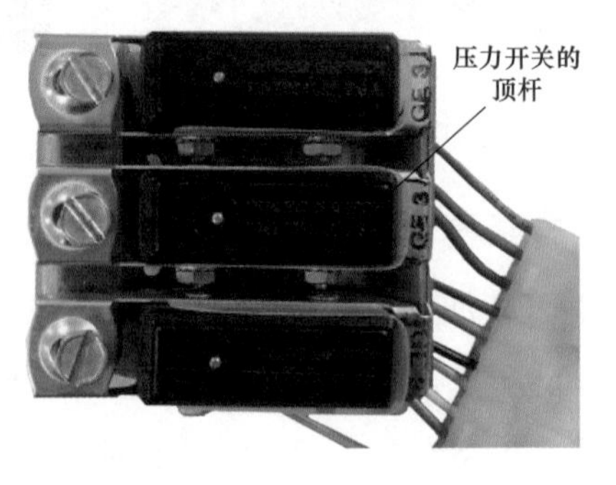

图 4-39　压力开关顶杆

3）防跳试验。使断路器处于合闸位置，把转换开关选择到就地，按住合闸按钮并保持，然后按分闸按钮，断路器应分闸。此时松开分闸按钮，断路器仍处在分位，最后松开合闸按钮，开关应有效、可靠、及时动作。

4）三相不一致试验。断路器在分闸位置，分别将三相中的任意一相开关合闸，其他两相不动作，等延时继电器延时时间到后，合闸的那相开关自动分闸；断路器在合闸位置，分别将三相中的任意一相开关分闸，其他两相不动作，等延时继电器延时时间到后，其他两相自动分闸。

【缺陷处置】

液压操动机构的缺陷性质、现象、分类及处理原则见表4-3。

表4-3 液压操动机构的缺陷性质、现象及等级分类

序号	缺陷性质	缺陷现象	缺陷分类	处理原则
1	机构不能建压	由于电机故障等引起压力低于正常值下限时，机构不能启动打压，且压力继续下降	危急	优先安排带电处理。需要停电处理的，立即安排停电处理
2	油压到零	液压机构突然失压到零	危急	优先安排带电处理。需要停电处理的，立即安排停电处理
3	压力低闭锁	油压低至断路器报重合闸、分闸、合闸闭锁信号，断路器拒分拒合	危急	优先安排带电处理。需要停电处理的，立即安排停电处理
4	压力低告警	油压低于告警常值，断路器报异常信号但未闭锁操作	严重	优先安排带电处理。需要停电处理的，立即安排停电处理
5	频繁打压	断路器前后两次打压时间间隔小于产品出厂技术文件规定要求或既定的经验值	危急	优先安排带电处理。需要停电处理的，立即安排停电处理
6	打压超时	打压时间超过整定的时间定值，断路器报打压超时信号，但压力在正常范围以内	严重	优先安排带电处理。需要停电处理的，应尽快安排停电处理
7	打压不停泵	打压时间超过整定的时间定值，断路器报打压超时信号，但压力在正常范围以内	严重	优先安排带电处理。需要停电处理的，立即安排停电处理
8	严重漏油、喷油	液压机构损坏导致大量漏油甚至喷油，油位下降迅速	危急	立即安排停电处理
9	漏油	液压机构管路出现油迹，漏油速度每滴时间小于5s，且油箱油位正常	严重	优先安排带电处理。需要停电处理的，应尽快安排停电处理
10	渗油	液压机构管路出现油迹、渗油点时，渗油速度每滴时间大于5s，且油箱油位正常	一般	优先安排带电处理。需要停电处理的，应结合渗油情况安排停电处理
11	油位过低	油位低于正常油位的下限，油位可见	一般	优先安排带电处理。需要停电处理的，应结合油位情况安排停电处理

续表

序号	缺陷性质	缺陷现象	缺陷分类	处理原则
12	油位过高	油位高于正常油位的上限	一般	优先安排带电处理，需要停电处理的，应结合油位情况安排停电处理
13	油位模糊不清	非漏油原因造成油位无法判断，且无渗漏油痕迹	一般	优先安排带电处理。需要停电处理的，应结合油位情况安排停电处理
14	控制回路断线	控制回路断线、辅助开关切换不良或不到位	危急	立即安排带电处理。如需停电处理应立即安排停电处理
15	远方/就地切换开关失灵	导致断路器无法遥控/就地操作	严重	原则上安排带电处理
16	分、合闸线圈烧损	分、合闸线圈烧毁	危急	立即安排停电处理
17	储能电机损坏	储能电机转动时声音、转速等异常	危急	原则上安排带电处理。如需停电处理，应立即安排停电处理
18	压力表指示不正确	表计不能正确反应实际压力值，但压力正常，断路器未发压力闭锁、压力低等信号	严重	优先安排带电处理。需要停电处理的，应尽快安排停电处理
19	压力表密封不良	易造成压力泄漏、表计漏油，影响表计正常工作	严重	优先安排带电处理。需要停电处理的，应尽快安排停电处理
20	储气筒渗油、漏氮	1）无明显可见渗油点，机构上有油迹，且机构压力正常；断路器发出氮气泄漏信号，未闭锁断路器操作	一般	优先安排带电处理。需要停电处理的，应结合渗油、漏氮情况安排停电处理
		2）断路器发出氮气泄漏信号，并闭锁断路器操作	危急	优先安排带电处理。需要停电处理的，应立即安排停电处理
21	机构箱变形、锈蚀	机构箱因锈蚀造成密封不严、锈蚀等，直接影响设备运行	一般	结合检修处理，视变形、锈蚀情况带电处理
22	机构箱加热器损坏	加热器电源失去、自动控制器损坏、加热电阻损坏等	一般	带电处理
23	机构箱密封不良受潮、进水	机构箱封堵不严，机构箱门密封圈老化，导致箱内空气湿度较大，箱内设备表面有凝露，影响机构箱内二次回路的绝缘性能	严重	优先安排带电处理。需要停电处理的，跟踪，根据停电计划安排处理
24	二次回路线缆破损、老化	二次线缆绝缘层有变色、老化或损坏等	严重	优先安排带电处理。需要停电处理的，应尽快安排停电处理

续表

序号	缺陷性质	缺陷现象	缺陷分类	处理原则
25	接线端子排锈蚀	接线端子排有严重锈蚀	严重	优先安排带电处理。需要停电处理的，应尽快安排停电处理
26	动作计数器失灵	动作计数器不能正确计数	一般	带电处理
27	照明灯不亮	更换正常灯泡仍不亮，无法满足夜间照明需求，但可以借助其他照明设备，不影响设备运行	一般	带电处理
28	辅助（行程）开关破损	辅助开关外表开裂，破损，但够实现正常导通，不影响设备运行	一般	优先安排带电处理。需要停电处理的，应尽快安排停电处理
29	辅助（行程）开关切换不良	辅助开关接触不良，造成操动机构无法正常工作	危急	优先安排带电处理。需要停电处理的，应立即安排停电处理
30	交流接触器故障	接触器无法励磁，造成操动机构无法正常工作	危急	优先安排带电处理。需要停电处理的，应立即安排停电处理
31	空气开关合上后跳开	1）使操动机构无法正常工作的空气开关合上后跳开	严重	带电处理
		2）照明、加热器等不影响设备运行的空气开关合上后跳开	一般	带电处理
32	熔丝放上后熔断	1）造成操动机构无法正常工作的熔丝放上后熔断	严重	带电处理
		2）照明、加热器等不影响设备运行的熔丝放上后熔断	一般	带电处理

【典型案例】

一、220kV断路器液压机构启泵压力接点损坏导致氮气泄漏报警、分合闸总闭锁缺陷

1．案例描述

2020年12月31日，××变电站监控报“××开关氮气泄漏告警”，运检人员至变电站对异常情况进行检查。在检查过程中，××开关报“开关油压低分合闸总闭锁、控制回路断线”，运检人员通过S4复归钥匙进行复归，××开关分合闸总闭锁动作信号复归，并进一步开展检查。发现为油

泵启动接点损坏粘连，导致打压不停，直至35.5MPa后发氮气泄漏告警后油泵停止打压，经对接点更换后设备恢复正常。

2. 原因分析

开关报“氮气泄漏告警”必须同时满足两个条件：①油泵启动打压；②油压高于35.5MPa。

正常情况下，油压低于32MPa时，油泵启动接点16-17闭合，油泵打压时间继电器K15得电励磁，接点15-18闭合，油泵打压中间继电器K9得电励磁，K9的辅助接点13-14、33-34、53-54动作闭合，电机启动打压。当油压高于32MPa后，接点16-17返回，打压回路断开，电机延时3s后应停止打压。油泵电机启动打压控制回路如图4-40所示。

只有在油泵打压不停并使油压上升到35.5MPa后，才会发出“氮气泄漏告警”信号，并且在告警信号发出3h后发出闭锁信号，同时闭锁分、合闸回路并报“控制回路断线”，氮气泄漏告警及分、合闸闭锁回路如图4-41所示。

根据异常情况分析，可能有两种原因：①氮气确实发生泄漏；②控制回路中存在接点粘连，导致油泵控制回路无法断开，电机一直运转打压。为进一步查找和确定异常情况发生原因，运检人员尝试对断路器进行降压，观察油泵启动情况。

将油压降至32MPa，油泵启动打压，油压平稳上升，并未在瞬间上升至35.5MP，排除氮气发生泄漏的可能。但是，在油压高于32MPa油泵打压持续3s后，仍继续打压不停，并持续打压到35.5MPa后才停止。停止打泵原因为氮气泄漏闭锁自保中间继电器K81得电后，K81的辅助接点4-6断开，才切断油泵控制回路。经检查，排除打压延时继电器K15故障，发现油泵启动压力接点卡涩粘连，因该接点一直导通，导致油泵启动后压力高于32MPa时，接点无法返回仍然继续打压。

更换该接点后，运检人员将油压降低至32MPa，此时油泵启动打压，并在油压升至32.8MPa时油泵停止打压。连续试验数次，油泵均可正常启停打压，说明经处理后接点功能恢复正常，油泵可根据整定值正常打压，启停正常。

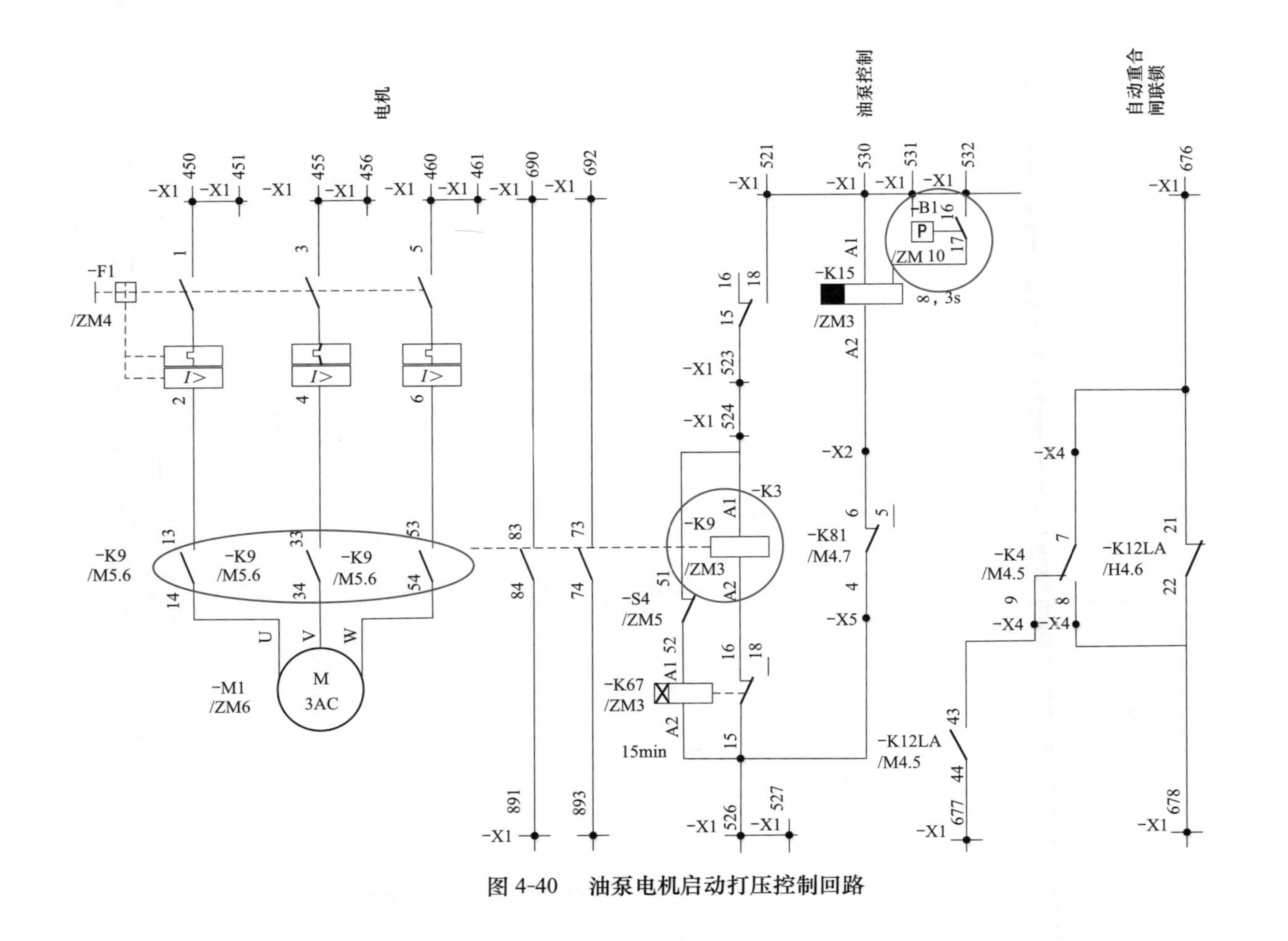

图 4-40　油泵电机启动打压控制回路

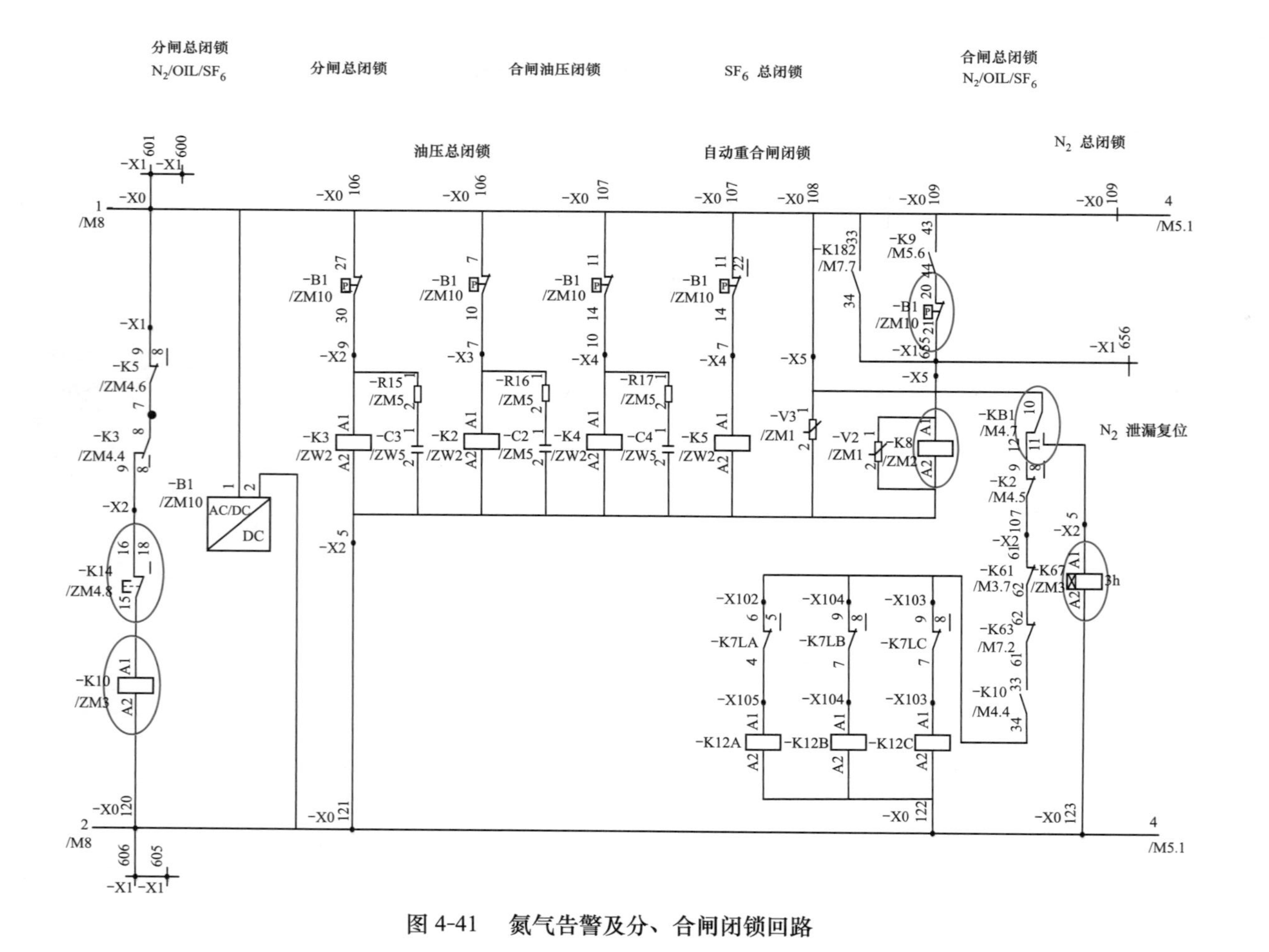

图 4-41 氮气告警及分、合闸闭锁回路

3. 防控措施

(1) 结合变电站综合检修，对该开关开展维护保养工作，必要时更换所有油压接点。

(2) 根据相关文件要求，对运行 12 年以上的断路器执行维护保养工作。

(3) 将该开关异常情况列入一站一库，作为典型缺陷案例，为今后解决同类问题提供参考依据。

二、220kV 断路器液压机构总闭锁继电器损坏导致分闸总闭锁缺陷

1. 案例描述

2021 年 7 月 28 日，生产指挥中心通知“××变电站××开关机构分闸总闭锁，××线开关第一组控制回路断线”。运维检修人员经现场检查发现，总闭锁继电器 K10 未正常吸合，测量 K10 两端电压正常，判断为 K10 不能正确动作导致，更换 K10 后，信号复归。

2. 原因分析

运检人员到达现场对××开关进行检查，开关外观良好，油压表指示 33.6MPa，SF_6 压力表指示 0.64MPa，油压及 SF_6 压力均在正常范围。

根据图 4-42 所示的分闸控制回路分析，报“分闸总闭锁”必然会报“控制回路断线”，且现场仅为第一组控制回路断线，继电器 K10 的 13-14 动合接点串在分闸回路中，当不满足分闸条件时，K10 失电，对分闸回路起到闭锁作用，即控制回路断线。

根据图 4-43 所示的第一组分闸总闭锁控制图，断路器分闸总闭锁的条件是：①SF_6 气压低于设定值(通过 K5 实现)；②油压低于分闸油压设定值 25.3MPa(通过 K2 实现)；③N_2 泄漏 3h 后（通过 K14 实现)；④控制回路失压。当上述任一条件满足的情况下，继电器 K10 就失电，报“分闸总闭锁”信号。

现场检查发现 K10 确未吸合（见图 4-44)，但是测量继电器两端电压正常，说明上述四个条件均未达到，控制回路电压正常，K2、K5、K14 继电器

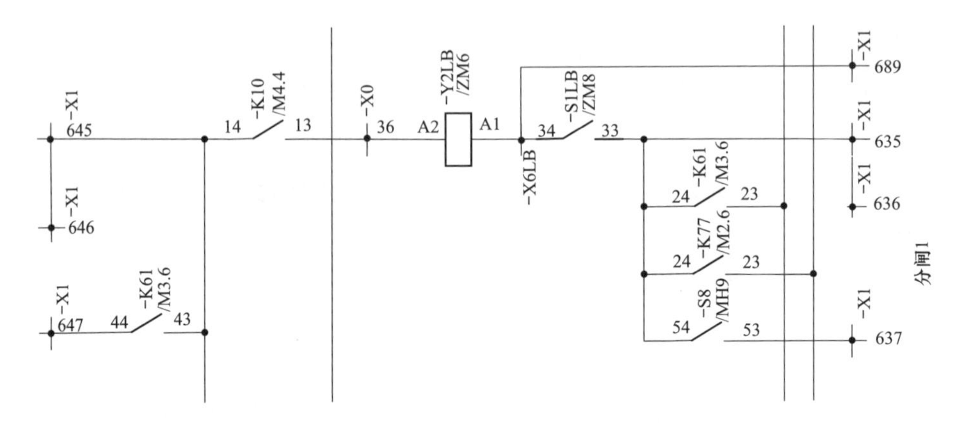

图 4-42　分闸控制回路

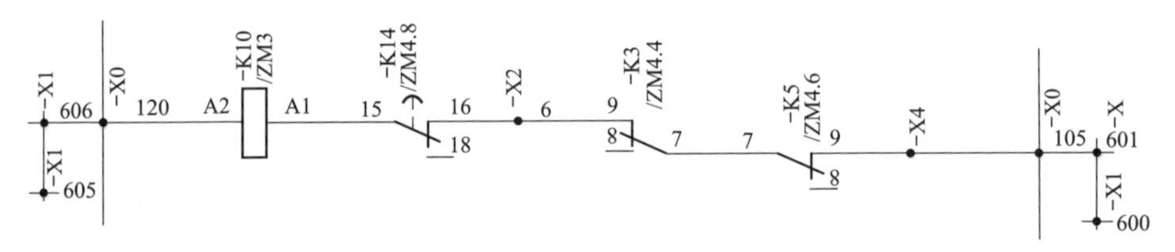

图 4-43　分闸总闭锁控制图

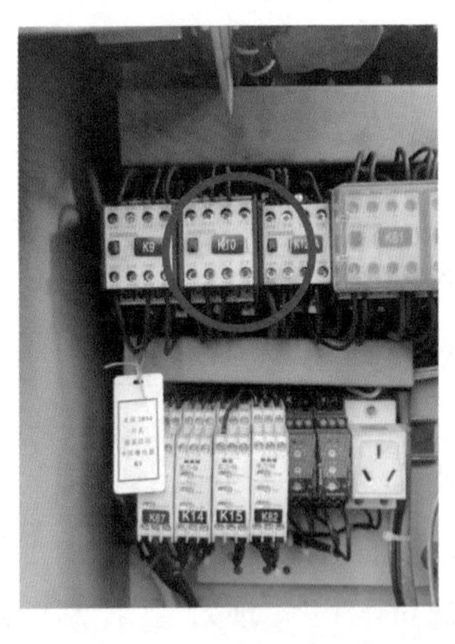

图 4-44　继电器 K10 示意图

均正常，其串入分闸闭锁回路中接点均正常。判断为 K10 继电器损坏，在电压正常情况下，无法吸合，导致报“分闸总闭锁”“控制回路断线”信号。

随即更换继电器 K10，更换后，“分闸总闭锁”“控制回路断线”异常信号复归。

对损坏的 K10 进行解剖分析，发现继电器内一个塑料拉杆断裂。该塑料拉杆与金属铁片相连，在继电器励磁情况下，将金属铁片吸住，同时塑料拉环带动 K10 各接点动作，使动合接点保持在接通位置。塑料拉环若断裂，则无法完成既定动作。从外观上看 K10 未正确吸合，判断应是继电器运行时间过长，导致塑料拉环老化断裂。损坏的继电器和正常的继电器的对比如图 4-45 和图 4-46 所示。

图 4-45　损坏的继电器

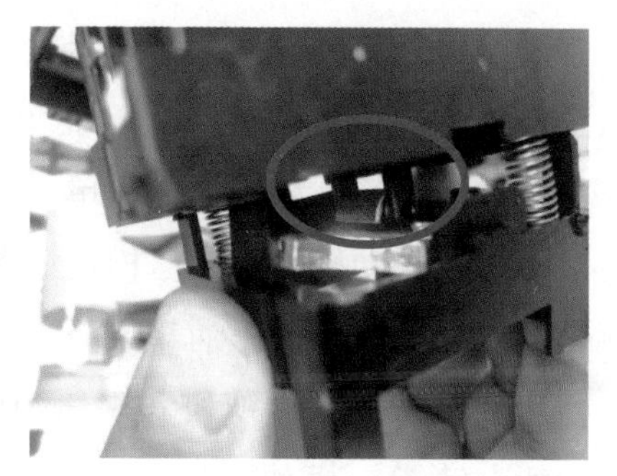

图 4-46　正常的继电器

3. 防控措施

（1）结合变电站综合检修，对断路器开展维护保养工作，必要时更换所有油压接点。

（2）根据相关文件要求，对运行 12 年以上断路器执行维护保养工作。

（3）将断路器异常情况列入一站一库，作为典型缺陷案例，为今后解决同类问题提供参考依据。

任务三　液压碟簧操动机构断路器运维检修

【任务描述】

本任务主要讲解液压碟簧操动机构断路器的结构和动作原理、运行注意点、检修维护工艺及要点等内容。通过图解示意及案例分析等，使读者了解液压碟簧操动机构的结构，熟悉液压碟簧操动机构的动作原理，掌握其运行巡视要求、检修维护关键工艺要求、注意事项、质量标准，并能处理运行过程中出现的异常情况。

【技能要领】

一、液压碟簧操动机构结构组成

液压碟簧操动机构是利用已储能的碟形弹簧为动力源，利用液压传动来实现断路器的分、合闸。采用碟簧作为储能元件、液压油作为传动介质，与氮气储能相比，机械特性随温度变化小，避免了油氮互渗，而且易获得高压力、大操作功、结构更加简单。

液压碟簧操动机构由充压模块、储能缸模块、工作缸模块、控制模块、监测模块、碟簧组、低压油箱以及支撑架附件和辅助开关附件等组成。其中，低压油箱、工作缸模块和碟簧组为上下串联并且与中心轴共轴排列，充压模块、储能缸模块、控制模块、监测模块均布在工作缸的六面，如图 4-47 所示。

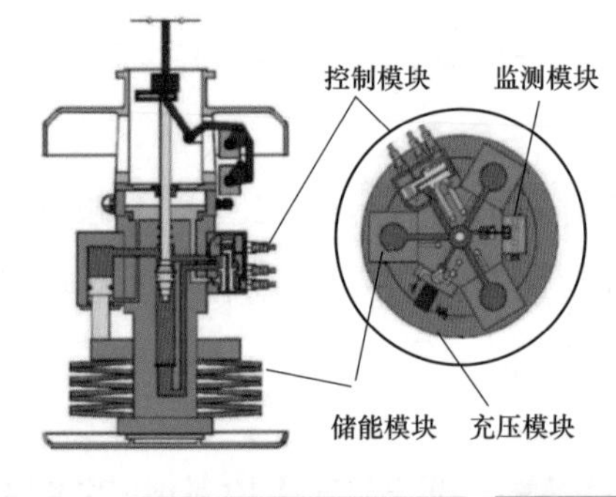

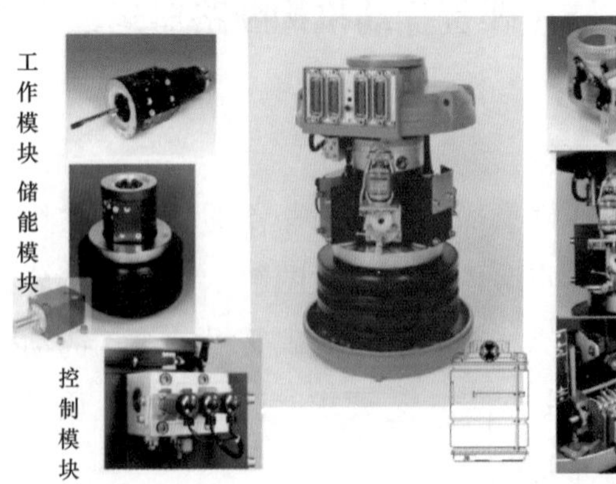

图 4-47　操动机构结构示意图

二、液压碟簧操动机构动作过程

液压碟簧操动机构集合了液压操动机构与弹簧操动机构的优点。其能量储存通过碟状弹簧来实现，优点是具有高度的长期稳定性、可靠性与温度变化无关。操动机构的脱扣和能量输出采用全封闭的液压操动元件，例如控制阀和液压缸，整个机构无外部管路，如图 4-48 所示。

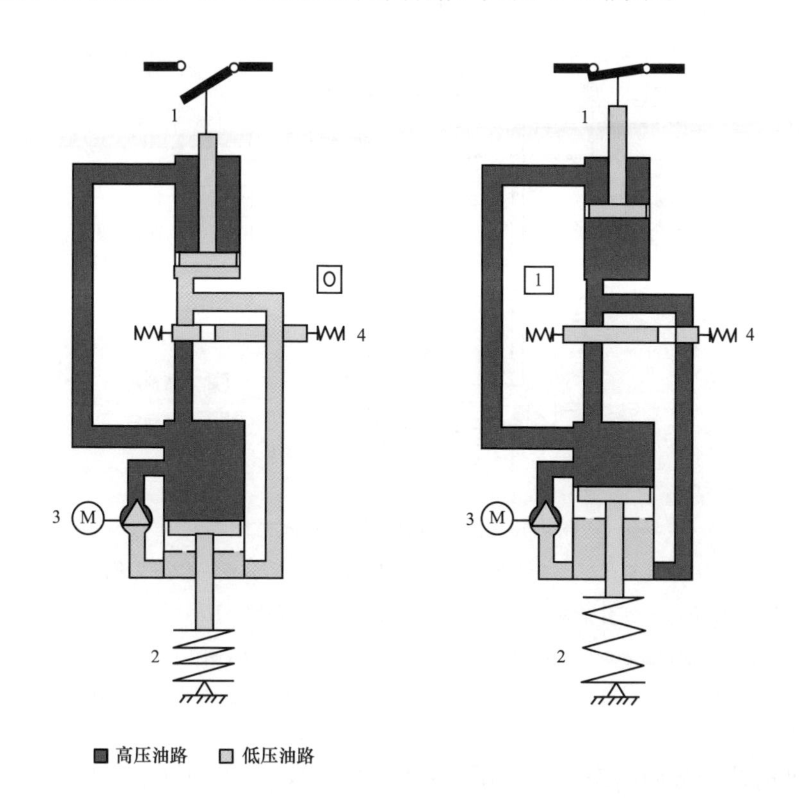

图 4-48　液压碟簧操动机构工作原理示意图

1—断路器操作杆；2—储能装置；3—电动液压泵；4—分、合闸电磁阀及转换阀

如图 4-49 所示，液压泵 11 将油加压输送到高压贮油箱 5，其储能活塞 3 与蝶状弹簧 1 连接。根据弹簧的行程，蝶状弹簧的储能状态由控制杆 15 反映出来，并在控制液压泵与高压储油箱之间装有逆止阀，防止停泵时压力下降。

1. 合闸操作过程

当机构充压模块打压经储能模块给碟簧组储能后，高压油腔具有了高压油，如图 4-50 所示。此时，主活塞杆的活塞上面为高压油，下面为低压

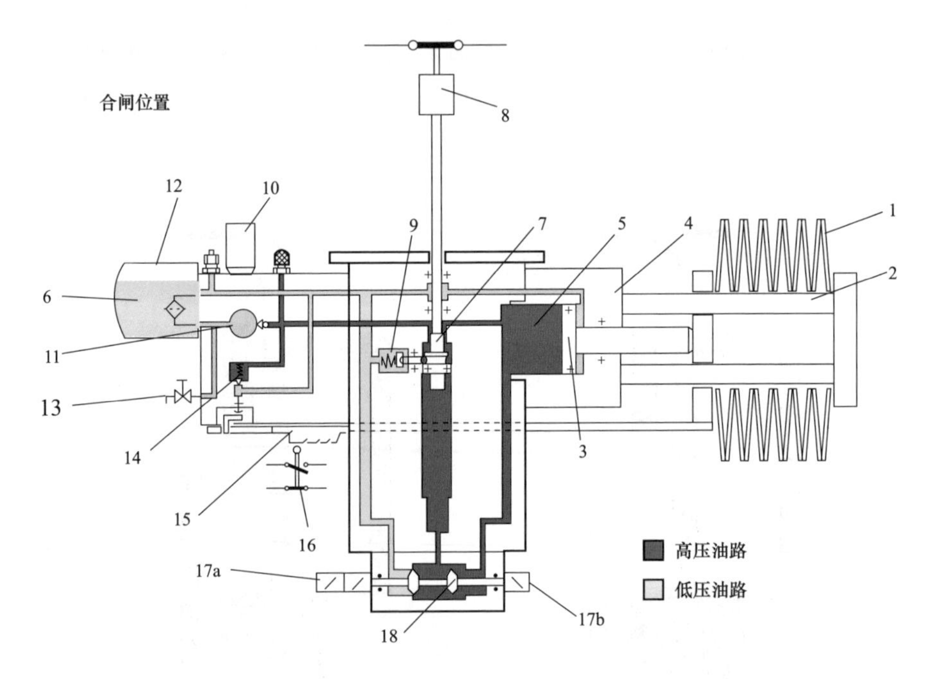

图 4-49 液压碟簧操动机构示意图

1—碟形弹簧；2—固定螺栓；3—贮能活塞；4—贮能缸；5—高压贮能箱；
6—低压贮能箱；7—工作活塞；8—断路器连接轴；9—机械闭锁；10—电动机；11—液压泵；
12—带油过滤器的低压贮油箱；13—放油阀；14—压力释放阀；15—控制开关；
16—弹簧行程开关；17a—分闸电磁阀；17b—合闸电磁阀；18—转换阀

油，机构处于分闸状态。当合闸一级阀动作后，二级阀（主换向阀）换向，使P口和Z口导通，这样主活塞杆的活塞上面和下面都为高压油。因下面的油压面积较上面大，所以下面的压力大，故主活塞杆向上运动，实现合闸。

合闸后，辅助开关转换切断合闸一级阀的二次回路；同时监测模块启动电机充压，能量储满后自动停止，机构保持在合闸状态，如图 4-50 所示。

2. 分闸操作过程

机构在合闸状态时，当分闸一级阀动作后，二级阀（主换向阀）换向，使Z口和T口导通，这样主活塞杆的活塞上面为高压油、下面变为低压油，故主活塞杆向下运动，实现分闸。

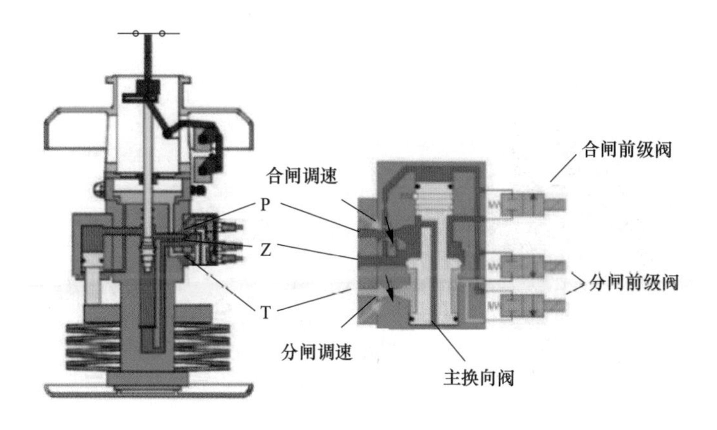

(a)合闸状态示意图一

差压工作原理:

· 施加压力的面积：A_1，A_2和A_3，$A_1+A_2>A_3$

· 合闸后，由于差压原理，工作活塞和换向活塞均处于合闸闭锁状态

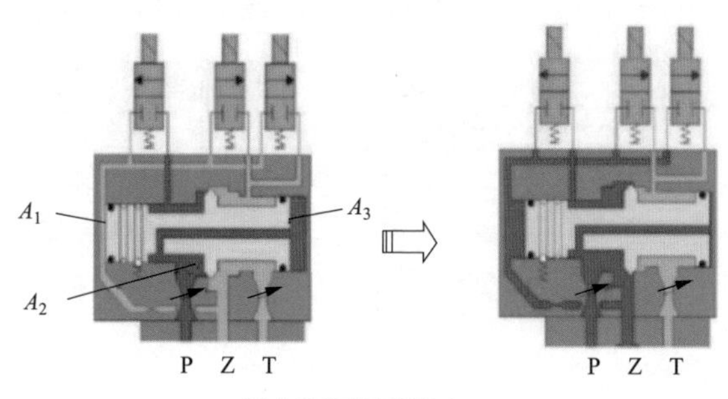

(b)合闸状态示意图二

图 4-50　合闸状态示意图

分闸后，辅助开关转换并切断分闸一级阀的二次回路；同时监测模块启动电机充压，能量储满后自动停止，机构保持在分闸状态，如图 4-51 所示。

三、检修维护关键点及工艺要求

(一) 操动机构的检查维护

1. 操动机构整体检查

检修内容包括：操动机构各锁片、固定螺栓紧固、防慢分销等的检查；传动件润滑检查；储能构件检查；机构有无漏油现象。

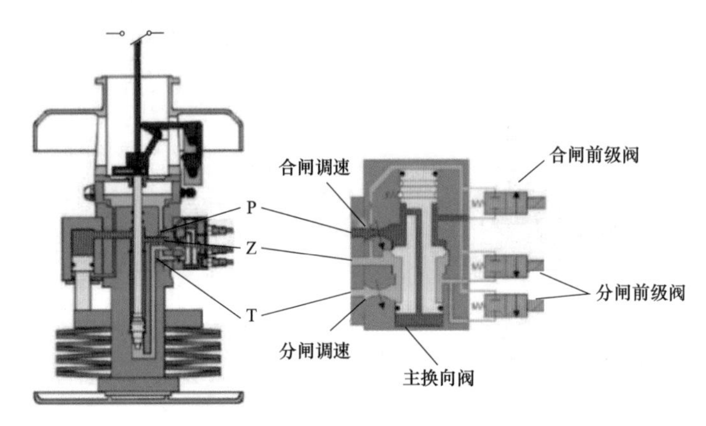

(a)分闸状态示意图一

差压工作原理：

A_1：换向轴的左端面积，A_2：换向轴的右端面积，A_3：换向活塞杆右端的面积，面积关系：$A_3 > A_2$(分闸)，$A_1 + A_2 > A_3$(合闸)。

· 施加压力的面积：A_2和A_3，$A_3 > A_2$。

· 分闸后，由于差压原理，换向活塞和工作活塞均处于分闸闭锁状态。

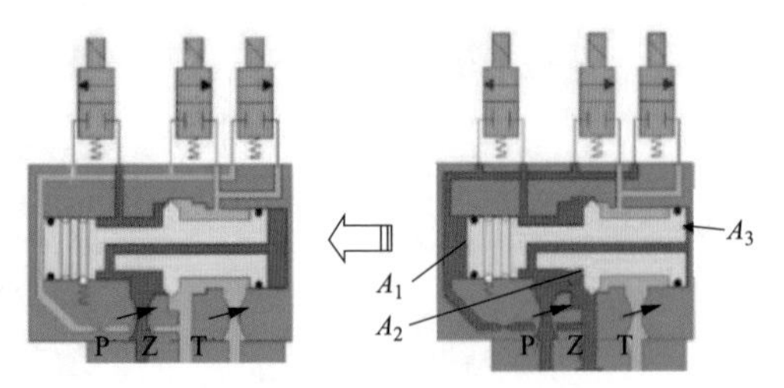

(b)分闸状态示意图二

图 4-51　分闸状态示意图

螺栓应紧固；卡圈位置正确，转动灵活；传动件润滑完好；储能运转应灵活；机构不得有漏油和明显渗油现象，根据漏点确定返修方案。

2. 行程开关检查（见图 4-52）

行程开关固定板应固定可靠；行程开关复位完好；行程开关动作灵活，常开常闭接点切换可靠；触点引线插接可靠。

3. 储能电机检查（见图 4-53）

储能电机应固定可靠（固定螺丝力矩 20Nm）；齿轮润滑完好。

4. 合闸电磁阀检查（见图 4-54）

线圈固定可靠，引线插接可靠；线圈直阻检查：$R = 77(1 \pm 5\%)\Omega$

(DC110V)，R＝154(1±5％)Ω(DC220V)；

动铁心动作应灵活，手动分闸可靠

图 4-52　行程开关节点图

图 4-53　储能电机图

5. 分闸电磁阀检查（见图 4-55）

线圈固定可靠，引线插接可靠；线圈直阻检查：R＝77(1±5％)Ω（DC110V)，R＝154(1±5％)Ω(DC220V)；动铁心动作应灵活，手动分闸可靠。

图 4-54　合闸电磁阀图

6. 辅助开关检查（见图 4-56）

辅助开关固定可靠；触点引线插接可靠；接点通断灵活，动作位置与开关位置相对应；辅助开关驱动杆调节螺母固定可靠；驱动杆调节得当，辅助开关转换可靠。

图 4-55　分闸电磁阀图

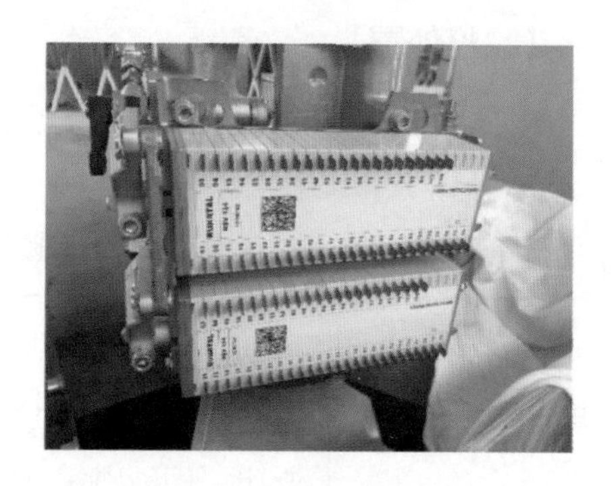

图 4-56　辅助开关图

7. 保压试验

每天启动泵不超过10次为合格，否则该机构将被监测；监测中每天启动泵超过20次时，应分析并做相应的大修。

（二）机构防慢分装置注意事项

在机构失压情况下，弹簧由压缩状态变为舒张状态，储压环顶到防慢分装置顶杆下部，防慢分装置起作用。为确保防慢分装置起作用，销子一定要正确插入。为防止防慢分装置被打坏，在电机电源失电并连续分合开关的情况下，一定要拔掉销子，如图4-57所示。

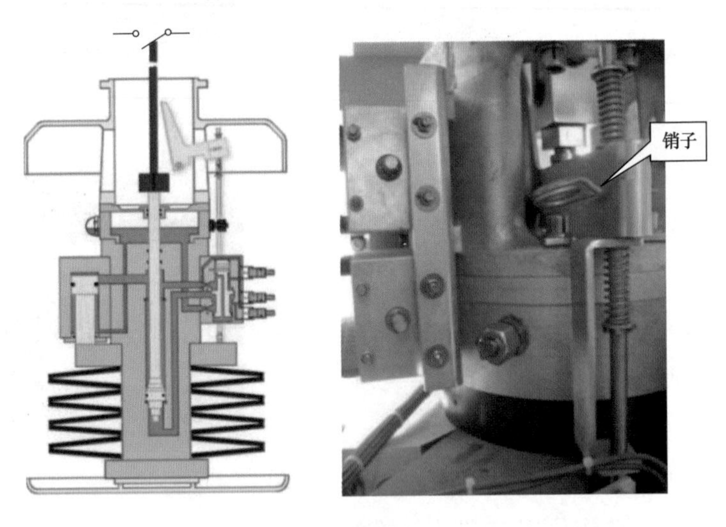

图4-57 机构防慢分装置

【缺陷处置】

液压碟簧操动机构缺陷性质、现象、分类及处理原则见表4-4。

表4-4 液压碟簧操动机构的缺陷性质、现象、分类及处理原则

序号	缺陷性质	缺陷现象	缺陷分类	处理原则
1	机构不能建压	由于电机故障等引起压力低于正常值下限时，机构不能启动打压，且压力继续下降	危急	优先安排带电处理。需要停电处理的，立即安排停电处理

续表

序号	缺陷性质	缺陷现象	缺陷分类	处理原则
2	油压到零	液压机构失压到零	危急	优先安排带电处理。需要停电处理的，立即安排停电处理
3	压力低闭锁	油压低至断路器报重合闸、分闸、合闸闭锁信号，断路器拒分拒合	危急	优先安排带电处理。需要停电处理的，立即安排停电处理
4	压力低告警	油压低于告警常值，断路器报异常信号但未闭锁操作	严重	优先安排带电处理。需要停电处理的，立即安排停电处理
5	频繁打压	开关前后两次打压时间间隔小于产品出厂技术文件规定要求或既定的经验值	危急	优先安排带电处理。需要停电处理的，立即安排停电处理
6	打压超时	打压时间超过整定的时间定值，断路器报打压超时信号，但压力在正常范围以内	严重	优先安排带电处理。需要停电处理的，应尽快安排停电处理。
7	打压不停泵	打压时间超过整定的时间定值，断路器报打压超时信号，但压力在正常范围以内	严重	优先安排带电处理。需要停电处理的，立即安排停电处理
8	严重漏油、喷油	液压机构损坏导致大量漏油甚至喷油，油位下降迅速	危急	立即安排停电处理
9	漏油	液压机构管路出现油迹，漏油速度每滴小于5s，且油箱油位正常	严重	优先安排带电处理。需要停电处理的，应尽快安排停电处理
10	渗油	液压机构管路出现油迹、渗油点时，渗油速度每滴大于5s，且油箱油位正常	一般	优先安排带电处理。需要停电处理的，应结合渗油情况安排停电处理
11	油位过低	油位低于正常油位的下限，油位可见	一般	优先安排带电处理。需要停电处理的，应结合油位情况安排停电处理
12	油位过高	油位高于正常油位的上限	一般	优先安排带电处理。需要停电处理的，应结合油位情况安排停电处理
13	油位模糊不清	非漏油原因造成油位无法判断，且无渗漏油痕迹	一般	优先安排带电处理。需要停电处理的，应结合油位情况安排停电处理
14	弹簧未储能	弹簧无法储能，造成操动机构无法正常工作	危急	立即安排带电处理，如需停电处理，应立即安排停电处理

续表

序号	缺陷性质	缺陷现象	缺陷分类	处理原则
15	储能超时	储能时间超过整定的时间定值，断路器报储能超时信号，但弹簧能储能	严重	优先安排带电处理
16	控制回路断线	控制回路断线、辅助开关切换不良或不到位定性为危急缺陷	危急	立即安排带电处理，如需停电处理，应立即安排停电处理
17	远方/就地切换开关失灵	开关无法遥控/就地操作	严重	原则上安排带电处理
18	分、合闸线圈烧损	分、合闸线圈烧毁	危急	立即安排停电处理
19	储能电机损坏	储能电机转动时声音、转速等异常	危急	原则上安排带电处理，如需停电处理，应立即安排停电处理
20	压力表指示不正确	表计不能正确反应实际压力值，但压力正常，断路器未发压力闭锁、压力低等信号	严重	优先安排带电处理。需要停电处理的，应尽快安排停电处理
21	压力表密封不良	压力泄漏、表计漏油，影响表计正常工作	严重	优先安排带电处理。需要停电处理的，应尽快安排停电处理
22	储气筒渗油、漏氮	1）无明显可见渗油点，机构上有油迹，且机构压力正常；断路器发出氮气泄漏信号，未闭锁断路器操作	一般	优先安排带电处理。需要停电处理的，应结合渗油、漏氮情况安排停电处理
		2）断路器发出氮气泄漏信号，并闭锁断路器操作	危急	优先安排带电处理。需要停电处理的，应立即安排停电处理
23	机构箱变形、锈蚀	机构箱因锈蚀造成密封不严、锈蚀等，直接影响设备运行	一般	结合检修处理，视变形、锈蚀情况带电处理
24	机构箱加热器损坏	加热器电源失去、自动控制器损坏、加热电阻损坏等	一般	带电处理
25	机构箱密封不良受潮、进水	机构箱封堵不严，机构箱门密封圈老化，导致箱内空气湿度较大，箱内设备表面有凝露，影响机构箱内二次回路的绝缘性能	严重	优先安排带电处理。需要停电处理的，跟踪，根据停电计划安排处理
26	二次回路线缆破损、老化	二次线缆绝缘层有变色、老化或损坏等	严重	优先安排带电处理。需要停电处理的，应尽快安排停电处理
27	接线端子排锈蚀	接线端子排有严重锈蚀	严重	优先安排带电处理。需要停电处理的，应尽快安排停电处理

续表

序号	缺陷性质	缺陷现象	缺陷分类	处理原则
28	动作计数器失灵	动作计数器不能正确计数	一般	带电处理
29	照明灯不亮	更换正常灯泡仍不亮，无法满足夜间照明需求，但可以借助其他照明设备，不影响设备运行	一般	带电处理
30	辅助（行程）开关破损	辅助开关外表开裂，破损，但够实现正常导通，不影响设备运行	一般	优先安排带电处理。需要停电处理的，应尽快安排停电处理
31	辅助（行程）开关切换不良	辅助开关接触不良，造成操动机构无法正常工作	危急	优先安排带电处理。需要停电处理的，应立即安排停电处理
32	交流接触器故障	接触器无法励磁，造成操动机构无法正常工作	危急	优先安排带电处理。需要停电处理的，应立即安排停电处理
33	空气开关合上后跳开	1）造成操动机构无法正常工作的空气开关合上后跳开	严重	带电处理
		2）照明、加热器等不影响设备运行的空气开关合上后跳开	一般	带电处理
34	熔丝放上后熔断	1）造成操动机构无法正常工作的熔丝放上后熔断	严重	带电处理
		2）照明、加热器等不影响设备运行的熔丝放上后熔断	一般	带电处理
35	缓冲器变形、老化	1）缓冲器变形老化	严重	优先安排带电处理。需要停电处理的，应尽快安排停电处理
		2）缓冲器无油	危急	立即安排停电处理
		3）缓冲器漏油，设备上有明显油渍	严重	优先安排带电处理。需要停电处理的，应尽快安排停电处理
		4）缓冲器渗油	一般	优先安排带电处理。需要停电处理的，跟踪缓冲器渗油状态，根据渗油情况安排停电处理

【典型案例】

220kV 液压碟簧机构断路器机构内部杂质造成打压次数偏多缺陷

1. 案例描述

2018 年 1 月，某检修公司 500kV 变电站××开关 B 相打压次数偏多，每天 8 次，2018 年 4 月更换了新的机构。对故障机构在合闸状态下进行保压试验，测量机构储能行程变化，无异常。具体数据如表 4-5 所示。

表 4-5　保压实验所得数据表

要求	日期	时间	满能行程(mm)	行程变化(mm)	技术要求
合闸保压	5·13	10：20	280.5	0.3	24h 保压，≤2mm
	5·14	10：20	280.2		
分闸保压	5·14	10：20	280.4	0.5	24h 保压，≤2mm
	5·15	10：20	279.9		

解体并观察主缸体安装孔，发现该处有肉眼可见的细微粉末，手捻无颗粒感，如图 4-58 所示。

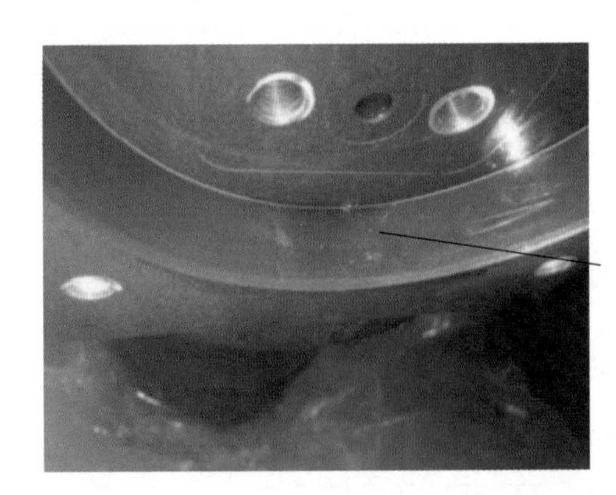

图 4-58　主缸体安装孔照片

拆解主阀座，拆除阀芯，用无毛纸擦拭主阀座内孔，发现有肉眼可见的细微粉末，手捻无颗粒感，如图 4-59 所示。

2. 原因分析

分析打压次数偏多原因为：液压油内有杂质粘附在金属密封面处，导致机构内部泄漏，引起打压次数偏多。机构进行分、合操作后，在液压油快速变化作用下，微粒从密封部位被带走，密封面恢复正常，机构保压测试正常。

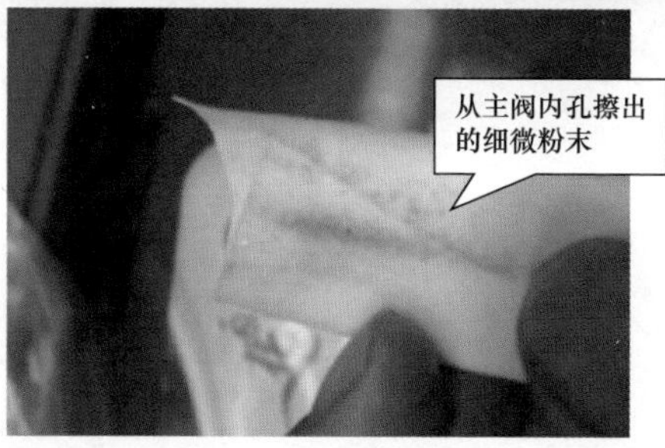

图 4-59　主阀座粉末照片

项目五

隔离开关运检一体化检修

【项目描述】

本项目包含常见型号隔离开关的操动机构、动作原理、关键部位运维检修要求、工艺质量标准。通过学习，熟悉运维检修流程，掌握各类隔离开关的动作原理、检查检修要求、异常现象处理等能力。

任务一 双柱水平旋转式隔离开关运维检修

【任务描述】

本任务主要讲解双柱水平旋转式隔离开关的结构和动作原理、运行注意点、检修维护工艺及要点等内容。通过图解示意、案例分析等，了解双柱水平旋转式隔离开关机械联动结构，熟悉隔离开关电动、手动机构动作原理，掌握运行巡视要求、检修维护关键工艺要求、注意事项及质量标准，并能处理运行过程中出现的异常情况。

【技能要领】

一、双柱水平旋转式隔离开关零部件介绍

双柱水平旋转式隔离开关产品型号组成如图5-1所示。

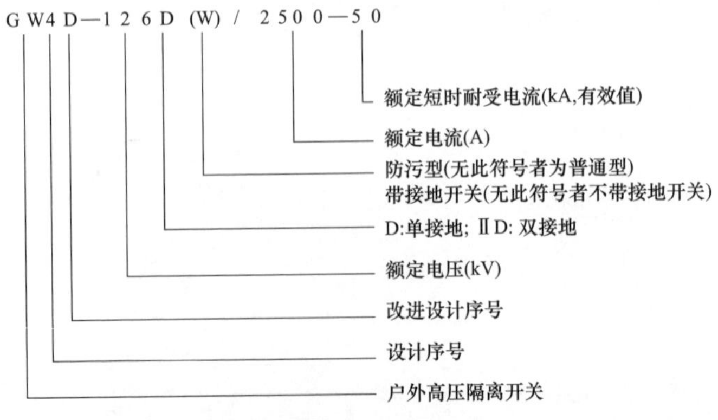

图5-1 双柱水平旋转式隔离开关产品型号组成

GW4 型双柱水平旋转式隔离开关是最常见的一种隔离开关，适用于 35kV、110kV、220kV 电压等级，一般作为正母隔离开关、线路隔离开关使用，分合闸过程为水平打开，打开角度为 90°，如图 5-2 所示。

(a)合闸状态

(b)分闸状态

图 5-2　GW4 型双柱水平旋转式隔离开关

隔离开关各单极都由基座、支柱绝缘子、接线座及触头等部分组成。手动操动机构由转轴、底座、辅助开关、罩、操作手柄等组成。电动机操动机构为交流（或直流）电动机通过减速装置驱动隔离开关主轴运动的机构，由电动机、双级蜗轮蜗杆全密封减速箱、转轴、辅助开关及电动机控制附件等组成。接地开关由固定在隔离开关导电管上的静触头和安装在底座上的动触杆组成。

导电部分结构如图 5-3 所示，机械联动结构如图 5-4 所示，导电回路分合闸具体示意图如图 5-5 所示。

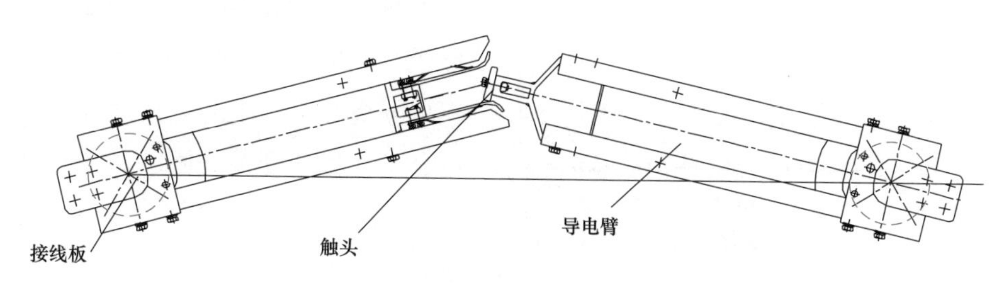

图 5-3　导电回路结构示意图

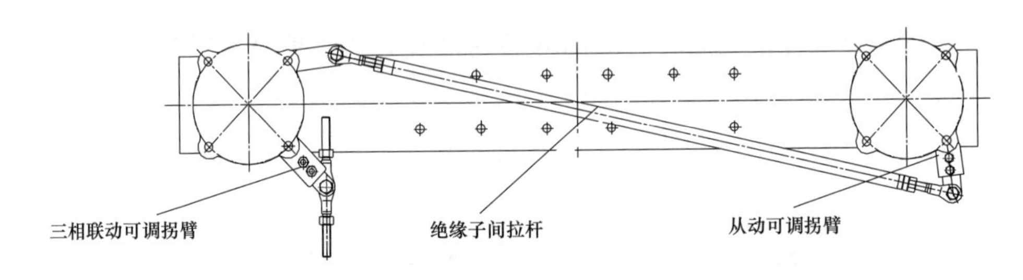

图 5-4 机械联动结构示意图

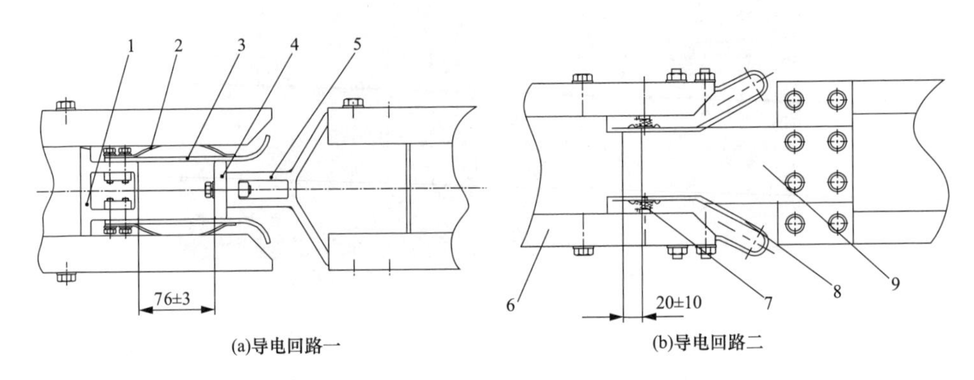

图 5-5 导电回路分合闸部分具体示意图

1—触头支持；2—弹簧片；3—触指；4—触指撑件；

5—触头；6—导电排；7—弹簧；8—触指；9—触头

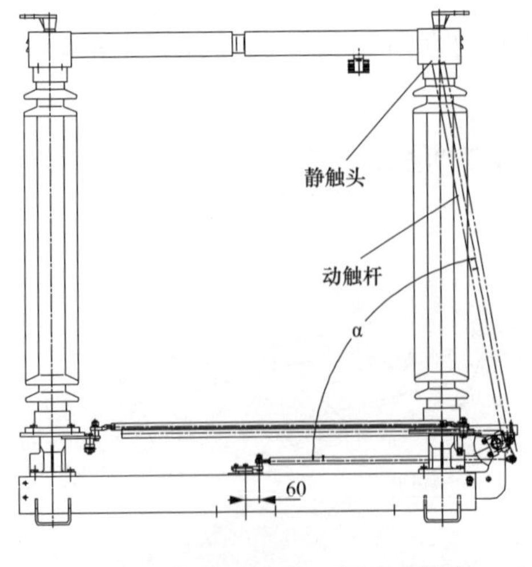

图 5-6 接地开关分、合闸示意图

一些隔离开关单侧或两侧带有接地开关，用 3 根水平管通过接头将三相接地开关连接，操动机构置于 C 相（或其他相）下方。接地开关对隔离开关本体的联锁通过扇形板与弧形板相对位置变化来实现，隔离开关合闸时，接地开关不可合闸；接地开关合闸时，隔离开关不可合闸，如图 5-6～图 5-9 所示。

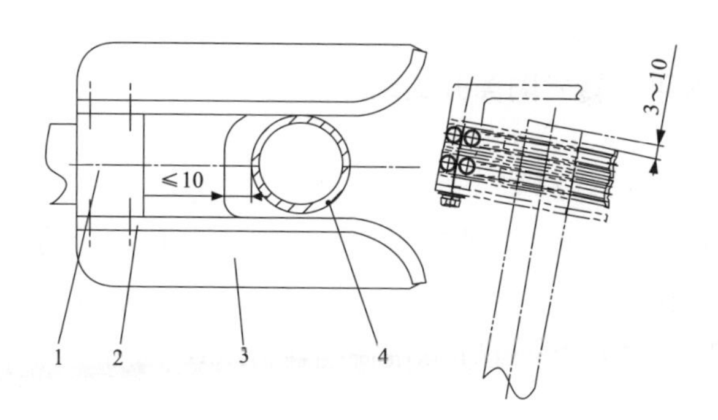

图 5-7　接地开关合闸结构图

1—触头支持；2—触指；3—定位板；4—电管

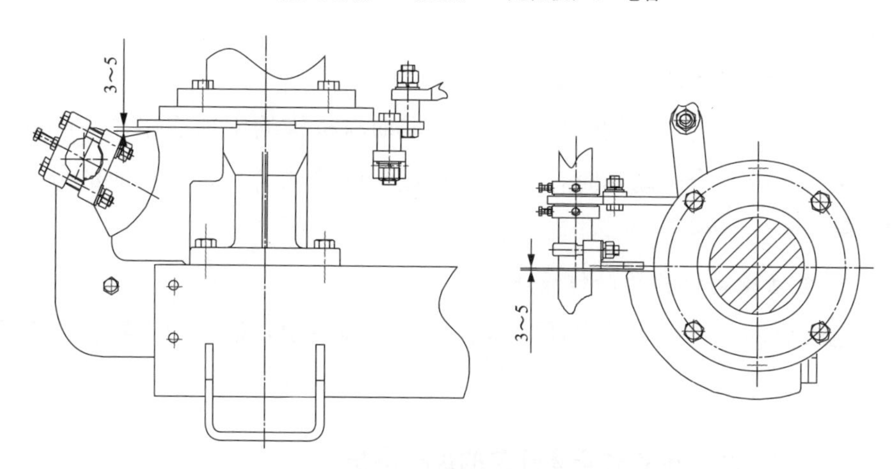

图 5-8　接地开关分闸时扇形板与弧形板的相对位置

图 5-9　接地开关与隔离开关的闭锁

二、双柱水平旋转式隔离开关动作原理

1. 隔离开关的动作原理

隔离开关操动机构输出轴转动 90°(180°)，垂直管的操作轴转动 90°(180°) 带动主拐臂转动，操作相主动极旋转 90°，水平连杆带动其余相主动极旋转 90°，交叉连杆带动从动极反向旋转 90°，实现三极联动。

2. 接地开关动作原理

操动机构借助传动轴及水平连杆使接地开关转动轴旋转一定的角度，从而实现分合闸。

3. 手动操动机构的动作原理

当手柄操作时，机构输出轴转动，带动与机构的主轴连接在一起的辅助开关，在分、合闸动作时将相应的触点切断或闭合，发出相应的分、合闸信号。

4. 电动操动机构的动作原理

电机启动，驱动蜗轮蜗杆减速装置，主轴转动，带动与主轴相连的隔离开关合、分闸。

三、双柱水平旋转式隔离开关的运检维护

1. 本体巡视

(1) 隔离开关外观清洁无异物，“五防”装置完好无缺失。

(2) 触头接触良好无过热、无变形，分、合闸位置正确，符合相关技术规范要求。

(3) 引弧触头完好，无缺损、移位。

(4) 导电臂及导电带无变形、开裂，无断片、断股，连接螺栓紧固。

(5) 接线端子或导电基座无过热、变形，连接螺栓紧固。

(6) 均压环无变形、倾斜、锈蚀，连接螺栓紧固。

(7) 绝缘子外观及辅助伞裙无破损、开裂，无严重变形，外绝缘放电不超过第二伞裙，中部伞裙无放电现象。

（8）本体无异响及放电、闪络等异常现象。

（9）法兰连接螺栓紧固，胶装部位防水胶无破损、裂纹。

（10）防污闪涂料涂层完好，无龟裂、起层、缺损。

（11）传动部件无变形、锈蚀、开裂，连接螺栓紧固。

（12）连接卡、销、螺栓等附件齐全，无锈蚀、缺损，开口销打开角度符合技术要求。

（13）拐臂过死点位置正确，限位装置符合相关技术规范要求。

（14）机械闭锁盘、闭锁板、闭锁销无锈蚀、变形，闭锁间隙符合产品技术要求。

（15）底座部件无歪斜、无锈蚀，连接螺栓紧固。

（16）铜质软连接应无散股、断股，外观无异常。

（17）隔离开关支柱绝缘子浇注法兰无锈蚀、裂纹等异常现象。

2. 操动机构巡视

（1）箱体无变形、锈蚀，封堵良好。

（2）箱体固定可靠，接地良好。

（3）箱内二次元器件外观完好。

（4）箱内加热驱潮装置功能正常。

3. 引线巡视

（1）引线弧垂满足运行要求。

（2）引线无散股、断股。

（3）引线两端线夹无变形、松动、裂纹、变色。

（4）引线连接螺栓无锈蚀、松动、缺失。

4. 基础构架巡视

（1）基础无破损、沉降、倾斜。

（2）构架无锈蚀、变形，焊接部位无开裂，连接螺栓无松动。

（3）接地无锈蚀，连接紧固，标志清晰。

5. 检修周期

（1）基准周期：35kV及以下，4年；110(66)kV及以上，3年。

（2）可依据设备状态、地域环境、电网结构等特点，在基准周期的基础上酌情延长或缩短检修周期，调整后的检修周期一般不小于 1 年，也不大于基准周期的 2 倍。

（3）对于未开展带电检测的设备，检修周期不大于基准周期的 1.4 倍；对于未开展带电检测的老旧设备（大于 20 年运龄），检修周期不大于基准周期。

（4）110(66)kV 及以上新设备投运满 1～2 年，以及停运 6 个月以上重新投运前的设备，应进行检修。对核心部件或主体进行解体性检修后重新投运的设备，可参照新设备要求执行。

符合以下各项条件的设备，检修可以在周期调整后的基础上最多延迟 1 个年度：

1）巡视中未见可能危及该设备安全运行的任何异常。

2）带电检测（如有）显示设备状态良好。

3）上次试验与其前次（或交接）试验结果相比无明显差异。

4）没有任何可能危及设备安全运行的家族缺陷。

5）上次检修以来，没有经受严重的不良工况。

6. 关键工艺质量控制

（1）调整时应遵循“先手动后电动”的原则进行，电动操作时应将隔离开关置于半分半合的位置。

（2）限位装置切换准确可靠，机构到达分、合闸位置时，应可靠地切断电机电源。

（3）操动机构的分、合闸指示与本体实际分、合闸位置相符。

（4）分、合闸过程中无异常卡滞、异响，主、弧触头动作次序正确。

（5）分、合闸位置及合闸过死点位置符合厂家技术要求。

（6）调试、测量隔离开关技术参数，符合相关技术要求。

（7）调节闭锁装置，应达到“隔离开关合闸后接地开关不能合闸，接地开关合闸后隔离开关不能合闸”的防误要求。

（8）与接地开关闭锁板（闭锁盘或闭锁杆间）的互锁配合间隙符合

相关技术规范要求。

(9) 电气及机械闭锁动作可靠。

(10) 检查螺栓、限位螺栓是否紧固，力矩值是否符合产品技术要求，并做紧固标记。

(11) 进行主回路接触电阻测试，应符合产品技术要求。

(12) 进行接地回路接触电阻测试，应符合产品技术要求。

7. 检修要点

(1) 清除绝缘子表面污垢，同时检查有无破损、龟裂等缺陷；铁金具与瓷件粘合牢固，绝缘电阻合格。

(2) 导电接触面应平整、无氧化膜，载流部分无严重凹陷及锈蚀。如有轻微烧黑痕迹，可用细砂布研磨修理后用汽油清洗，再涂一层薄层工业用凡士林；烧损严重、无法修理的部件应予更换。

(3) 闸刀与静触头的接触应紧密，用 0.005mm 塞尺检查，纵向塞入深度不大于 5mm；两侧弹簧的压力应均匀，符合原产品技术规定。导电回路触指结构如图 5-10 所示。

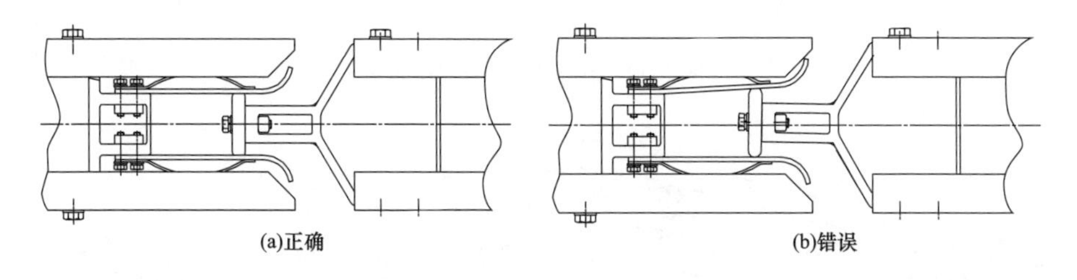

图 5-10　导电回路触指结构图

(4) 隔离开关及操动机构检修调整合格后应进行试操作。机械手柄向上到达终点时，隔离开关必须到达合闸终点；手柄向下到达终点时，隔离开关必须到达分闸终点。断开后同一极触头与闸刀间的距离符合产品技术规定。操作过程中不允许有卡住或其他妨碍动作的不正常现象。

(5) 接线端子应接触良好，并与母线连接得当，不应使隔离开关受到机械应力。

(6) 隔离开关和操动机构所有需要紧固的零件均应紧固，操动机构内辅助开关的动作应正确可靠。

(7) 检修后应进行下列测试：①绝缘电阻；②电动操动机构线圈的最低动作电压；③操动机构的动作情况、触头接触情况及弹簧压力。

8. 隔离开关调整

主刀操动拐臂中心距应可调，若 A 极（操作相）主刀主动侧（触指侧）导电杆分、合闸的角度小于 90°，可加大拐臂中心距；反之则减小中心距。

此时合闸隔离开关，检查触头、触指啮合位置是否满足要求，正确位置如图 5-11 所示；如果出现图 5-12 所示的状况，可以分别通过改变绝缘子间拉杆的长度来实现修正，如图 5-13 所示。具体办法为：出现第一种状况时，可以通过加大拉杆中心距来调整；出现第二种状况时，可通过减小拉杆中心距来调整。

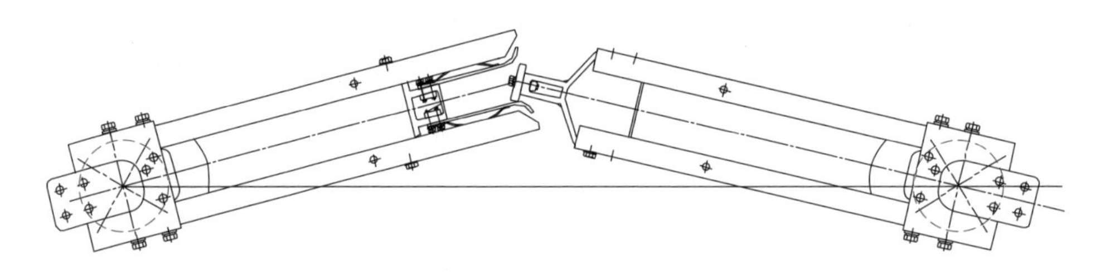

图 5-11 触头正确合闸位置

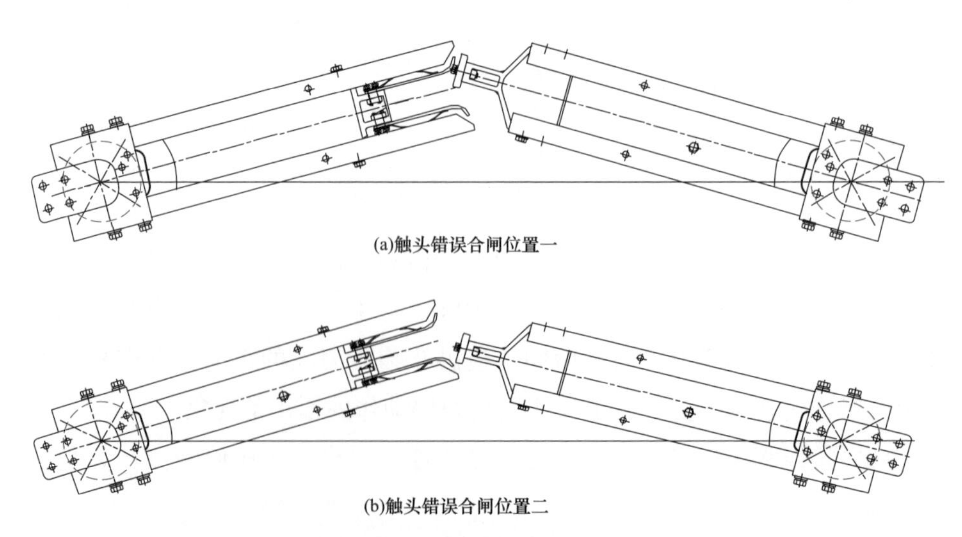

(a)触头错误合闸位置一

(b)触头错误合闸位置二

图 5-12 触头错误合闸位置

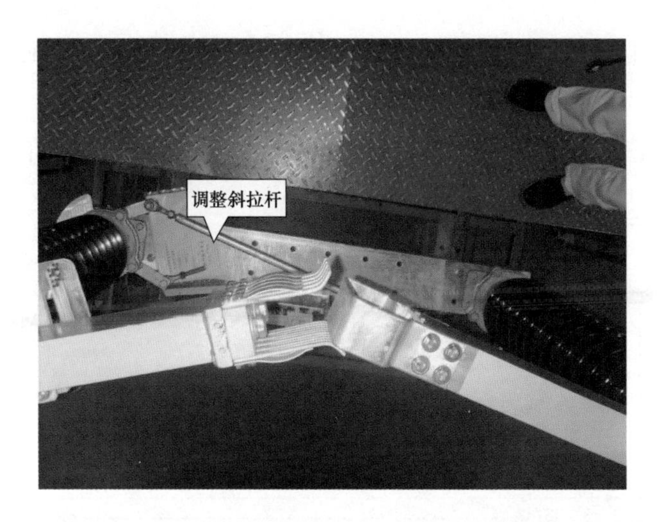

图 5-13　触头触指接触于“圆 R”的切线处

决定分、合闸角度的部件是拐臂。拐臂中心距是指拐臂转轴中心线至转销中心线的距离，它决定了隔离开关的转动角度，如图 5-14 所示。

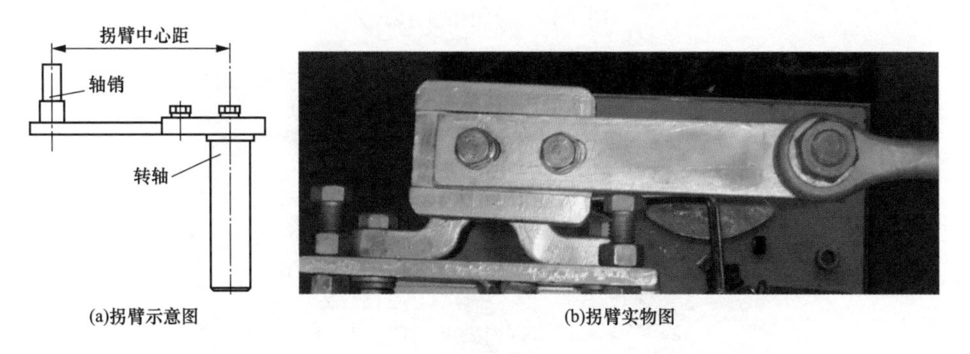

图 5-14　拐臂中心距

三级调试基础：

合闸时，如果左、右导电管合闸时不是一条直线，则需调整拉杆。拉杆中心距是拉杆两端接头转动孔中心线的距离。调整拉杆长度不能改变分、合闸角度，只改变分闸或合闸的起始位置。

分闸时，如果分闸不是 90°，则需调整拐臂，如图 5-15 所示。在拐臂传动中，起主动作用的拐臂是主动拐臂，如操动机构上端的拐臂。当主动拐臂的中心距增加时，可使隔离开关的转动角度加大。在拐臂传动中，由另一只拐臂带着转动的拐臂是从动拐臂。当从动拐臂的中心距增加时，可使隔离开关的转动角度减小，如图 5-16 所示。

合闸时，反复上述步骤，直至满足 $L_1-L_2<10$mm，如图 5-15 所示。

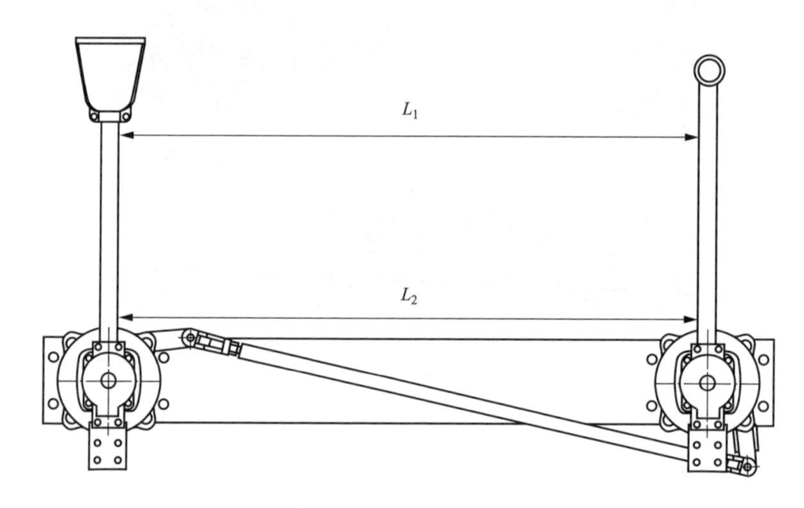

图 5-15 分闸角度示意图

图 5-16 传动机构示意图

【典型案例】

220kV某变电站因主刀与地刀闭锁卡涩导致线路隔离开关齿轮箱碎裂事故

1. 案例描述

2020年12月6日，××变电站某线路间隔C级检修过程中，检修人员在检修线路隔离开关时发现，隔离开关机构齿轮箱有裂痕碎裂，并有部分整体脱落。

2. 原因分析

检修人员在检修线路隔离开关时，对机构箱检查，发现机构齿轮箱碎裂，并有部分整体脱落现象，如图5-17所示。

机构齿轮箱碎裂后，对机构箱进行整体更换，调整地刀与主刀机械闭锁间隙，并加以润滑。操作隔离开关本体分合情况良好，三相动静触头保持在同一水平线上，三相回路电阻均为100μΩ左右。

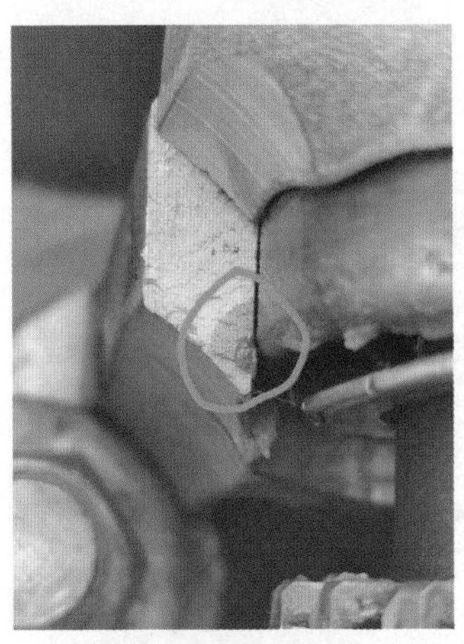

(a)齿轮箱有旧裂痕

(b)齿轮箱开裂

图5-17 齿轮箱破损情况

从裂痕痕迹看，在齿轮箱整体碎裂前已有旧裂痕存在，旧裂痕位置较隐蔽且存在已久，在检查及操作时均难以发现。在之后操作过程中，齿轮箱不明受力，此裂痕位置为受力薄弱点，最终导致齿轮箱发生贯穿性碎裂，并有部分整体脱落。

后续检查发现该线路隔离开关的主刀和地刀间机械闭锁有卡涩现象，闭锁杆和闭锁圆盘上均有磨损现象。用水平尺测量线路隔离开关基座槽钢和动触臂水平度，虽在合格范围内，但机构已有少量倾斜。同时测得其余隔离开关基础和机构箱水平度均良好，可以排除地基沉降原因，如图 5-18 所示。

(a)闭锁杆磨损

(b)基座水平度

(c)闭锁盘磨损

图 5-18 地刀与主刀机械闭锁磨损

××变电站此次综合检修过程中，发生几起隔离开关操作异常现象，对操作异常情况进行统计，4 组西门子 DR22 型隔离开关有 3 组在操作过程中发生主刀与地刀间闭锁有卡涩现象。

结合该型隔离开关地刀与主刀闭锁原理分析，隔离开关主刀合闸操作过程中，主刀侧的闭锁圆盘转动后，闭锁杆在闭锁圆盘的推动下从圆盘凹槽中脱离，闭锁杆往另一侧运动，使闭锁杆另一侧进入地刀闭锁圆盘的凹槽处，闭锁地刀操作。而此运动过程中主刀侧的闭锁圆盘和闭锁杆始终在摩擦，地刀操作时则刚好相反，如图 5-19 所示。

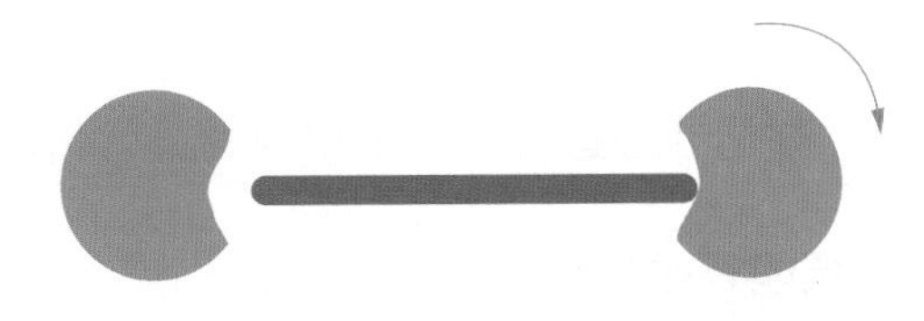

图 5-19　地刀与主刀机械闭锁原理示意图

3 把该类型隔离开关在安装投运时闭锁杆就稍稍偏长，平常操作时摩擦力相对偏大，当隔离开关运行年份已久，闭锁连杆两侧圆头因多次操作后有磨损，已不像刚投运时光滑，表面粗糙，导致圆头在通过闭锁圆盘凹槽时摩擦力增大并有卡涩情况出现。一旦闭锁杆圆头通过闭锁圆盘凹槽时卡住，就会顶住隔离开关输出连杆而使隔离开关输出连杆受力，导致整个隔离开关输出机构受力，或烧坏电机或齿轮崩齿或齿轮箱碎裂。

因此，判断线路隔离开关机构箱整体少量倾斜是因隔离开关闭锁卡涩，操作过程中机构箱受到闭锁杆的横向推力所致。此横向推力使得机构箱内齿轮盘受力，最终导致齿轮箱受力变形以致碎裂。

3. 防控措施

（1）对问题线路隔离开关的机构箱进行整体更换，并重新调整隔离开关，保证隔离开关分合正常，各项数据满足厂家技术要求。

（2）调整 3 组问题隔离开关闭锁杆长度，并重新对两侧圆头进行加工，恢复原有的圆滑光洁，并对其表面涂抹二硫化钼或凡士林等润滑脂，对其余线路隔离开关进行检查并进行润滑处理。

（3）厂家需改进设计，采用其他闭锁方式以代替金属自摩擦产生位移闭锁方式，避免因操作过多或者时间过长后产生的卡涩现象。

任务二　单柱垂直伸缩式隔离开关运维检修

【任务描述】

本任务主要讲解单柱垂直伸缩式隔离开关的结构和动作原理、运行注意事项、检修维护工艺及要点等内容，通过图解示意、案例分析等，了解单柱垂直伸缩式隔离开关的机械联动结构，熟悉隔离开关电动及手动机构动作原理，掌握运行巡视要求、检修维护关键工艺要求、注意事项、质量标准，并能处理运行过程中出现的异常情况。

【技能要领】

一、单柱垂直伸缩式隔离开关零部件介绍

单柱垂直伸缩式隔离开关产品型号组成如图 5-20 所示。

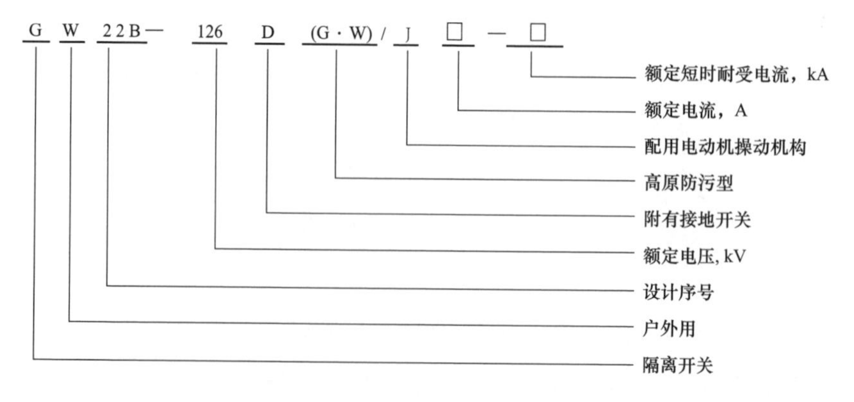

图 5-20　单柱垂直伸缩式隔离开关产品型号组成

单柱垂直伸缩式隔离开关一般作为副母隔离开关用，可布置在母线的正下方，其静触头悬挂在架空硬母线或软母线上。产品分闸后形成垂直方向的绝缘断口，具有占地面积小的特点，特别是在双母线接线的变电站，其节省占地的特点尤为显著，如图 5-21 所示。

单柱垂直伸缩式隔离开关为单柱、垂直开启、折叠式结构，每组由3个独立的单极隔离开关组成（一个主极和两个边极）。隔离开关可以附装接地开关，作为母线接地用。三极隔离开关由一台电动机操动机构操作，也可由一台人力操动机构联动操作，三极接地开关由一台人力操动机构联动操作。每个单极隔离开关由基座、支柱绝缘子、操作绝缘子、主导电部分、传动系统及接地开关（需要时）组成。

图5-21　GW22型单柱垂直伸缩式隔离开关

支柱绝缘子安装在基座上，操作绝缘子吊装在导电部分的旋转法兰下，且与基座垂直，操作拐臂带动操作绝缘子旋转135°，完成隔离开关的分、合闸。

主导电部分包括传动底座、上下导电臂、动触头及悬挂式静触头。主导电部分除静触头外，均安装在支柱绝缘子顶部。动触头为钳夹式，合闸时由上导电臂中的推杆驱动触指将静触头夹住，依靠外压式弹簧对静触头产生足够的接触压力。悬挂式静触头通过母线夹具、静触头、铝绞线及导电夹安装到母线上，其上下位置由钢丝绳调整与固定。

电动机操动机构主要由电动机、双蜗轮蜗杆全密封减速箱、转轴、辅助开关及控制保护电器组成，如图5-22所示。

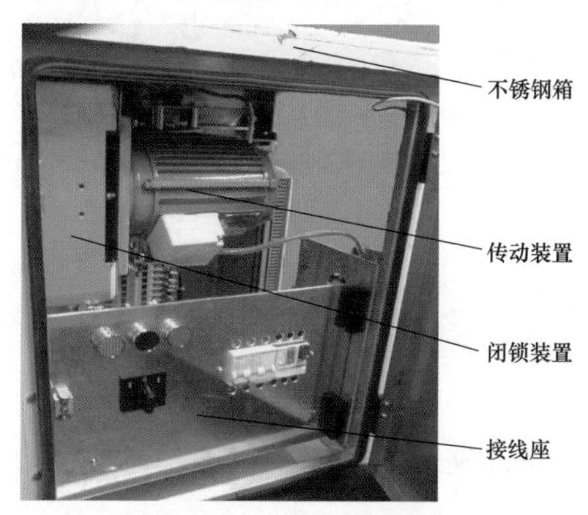

图5-22　电动操作装置示意图

接地开关的静触头固定在隔离开关的传动底座上。接地开关导电杆由圆铝管制成。接地开关为一步动作式，合闸时依靠静触头自力型触指的变形使动、静触头可靠接触，如图 5-23 所示。

隔离开关与接地开关之间的机械联锁通过各自操作轴上的缺口圆盘与带圆柱的联锁板来实现，以确保隔离开关在合闸位置时，接地开关不能合闸。接地开关在合闸位置时，隔离开关不能合闸，如图 5-24 所示。

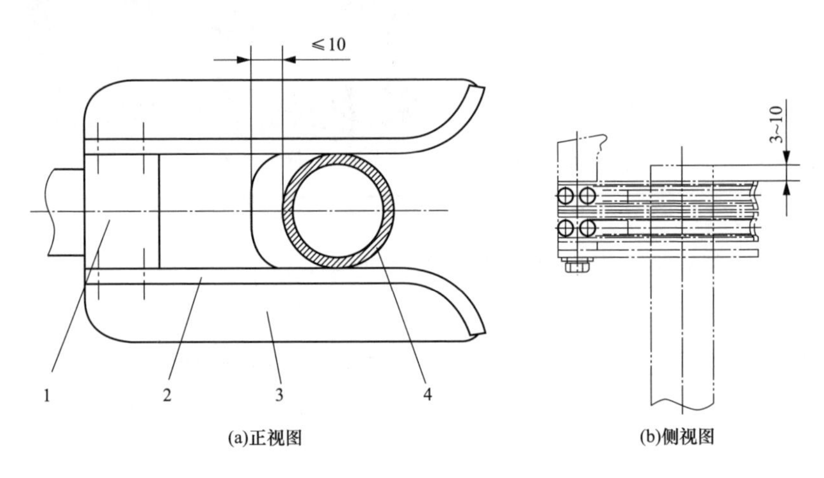

图 5-23 接地开关合闸位置结构示意图

1—接地开关静触头；2—触指；3—定位板；4—地刀管

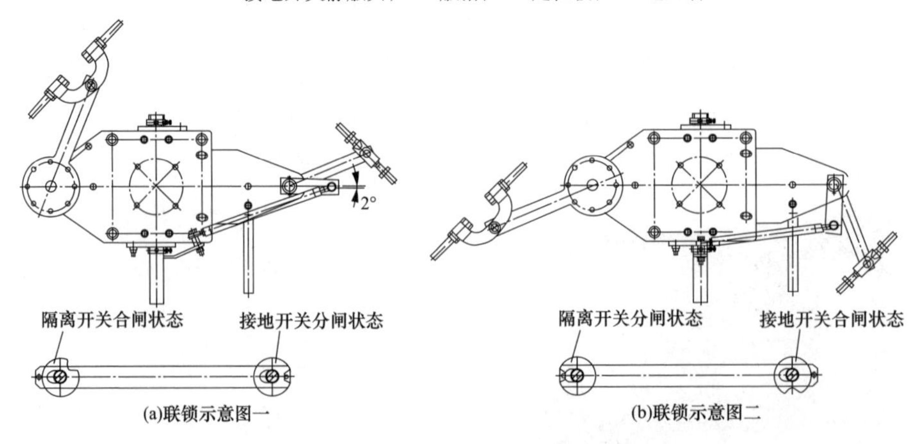

图 5-24 隔离开关与接地开关的联锁结构

二、单柱垂直伸缩式隔离开关动作原理

上、下导电臂通过齿轮、齿条来实现折叠式伸直动作。隔离开关在分

闸状态时，上、下导电臂折叠合拢，与其正上方的静触头之间形成清晰可见的隔离断口；合闸时，上、下导电臂打开，上导电臂伸直成垂直状态，上导电臂顶端的动触头钳住静触头，形成导电通路。上、下导电臂之间及下导电臂与传动座之间通过软连接保持电流导通。下导电臂内设有平衡弹簧，以平衡导电臂的重力矩，使操作平稳。当隔离开关分闸时，平衡弹簧吸收导电臂的运动势能，从而使操作平稳；当隔离开关合闸时，平衡弹簧把吸收的势能释放出来，推动导电臂向上运动，降低操作力。

三、单柱垂直伸缩式隔离开关的运检维护

1. 本体巡视

（1）隔离开关外观清洁无异物，“五防”装置完好无缺失。

（2）触头接触良好无过热、无变形，分、合闸位置正确，符合相关技术规范要求。

（3）引弧触头完好，无缺损、移位。

（4）导电臂及导电带无变形、开裂，无断片、断股，连接螺栓紧固。

（5）接线端子或导电基座无过热、变形、连接螺栓紧固。

（6）均压环无变形、倾斜、锈蚀，连接螺栓紧固。

（7）绝缘子外观及辅助伞裙无破损、开裂，无严重变形，外绝缘放电不超过第二伞裙，中部伞裙无放电现象。

（8）本体无异响及放电、闪络等异常现象。

（9）法兰连接螺栓紧固，胶装部位防水胶无破损、裂纹。

（10）防污闪涂料涂层完好，无龟裂、起层、缺损。

（11）传动部件无变形、锈蚀、开裂，连接螺栓紧固。

（12）连接卡、销、螺栓等附件齐全，无锈蚀、缺损，开口销打开角度符合技术要求。

（13）拐臂过死点位置正确，限位装置符合相关技术规范要求。

（14）机械闭锁盘、闭锁板、闭锁销无锈蚀、变形，闭锁间隙符合产品技术要求。

（15）底座部件无歪斜、无锈蚀，连接螺栓紧固。

（16）检查铜质软连接应无散股、断股，外观无异常。

（17）隔离开关支柱绝缘子浇注法兰无锈蚀、裂纹等异常现象。

2. 操动机构巡视

（1）箱体无变形、锈蚀，封堵良好。

（2）箱体固定可靠、接地良好。

（3）箱内二次元器件外观完好。

（4）箱内加热驱潮装置功能正常。

3. 引线巡视

（1）引线弧垂满足运行要求。

（2）引线无散股、断股。

（3）引线两端线夹无变形、松动、裂纹、变色。

（4）引线连接螺栓无锈蚀、松动、缺失。

4. 基础构架巡视

（1）基础无破损、无沉降、无倾斜。

（2）构架无锈蚀、无变形，焊接部位无开裂，连接螺栓无松动。

（3）接地无锈蚀，连接紧固，标志清晰。

5. 检修周期

（1）基准周期 35kV 及以下 4 年、110（66）kV 及以上 3 年。

（2）可依据设备状态、地域环境、电网结构等特点，在基准周期的基础上酌情延长或缩短检修周期，调整后的检修周期一般不小于 1 年，也不大于基准周期的 2 倍。

（3）对于未开展带电检测的设备，检修周期不大于基准周期的 1.4 倍；对于未开展带电检测的老旧设备（大于 20 年运龄），检修周期不大于基准周期。

（4）110（66）kV 及以上新设备投运满 1～2 年，以及停运 6 个月以上重新投运前的设备，应进行检修。对于核心部件或主体进行解体性检修后重新投运的设备，可参照新设备要求执行。

（5）现场备用设备应视同运行设备进行检修，备用设备投运前应进行检修。

（6）符合以下各项条件的设备，检修可以在周期调整后的基础上最多延迟1个年度：

1）巡视中未见可能危及该设备安全运行的任何异常。

2）带电检测（如有）显示设备状态良好。

3）上次试验与其前次（或交接）试验结果相比无明显差异。

4）没有任何可能危及设备安全运行的家族缺陷。

5）上次检修以来，没有经受严重的不良工况。

6. 关键工艺质量控制

（1）调整时应遵循“先手动后电动”的原则进行，电动操作时应将隔离开关置于半分半合位置。

（2）限位装置切换准确可靠，机构到达分、合位置时，应可靠地切断电机电源。

（3）操动机构的分、合闸指示与本体实际分、合闸位置相符。

（4）分、合闸过程中无异常卡滞、异响，主、弧触头动作次序正确。

（5）分、合闸位置及合闸过死点位置符合厂家技术要求。

（6）调试、测量隔离开关技术参数，应符合相关技术要求。

（7）调节闭锁装置，应达到“隔离开关合闸后接地开关不能合闸，接地开关合闸后隔离开关不能合闸”的防误要求。

（8）与接地开关闭锁板、闭锁盘、闭锁杆间的互锁配合间隙符合相关技术规范要求。

（9）电气及机械闭锁动作可靠。

（10）检查螺栓、限位螺栓紧固，力矩值符合产品技术要求，并做紧固标记。

（11）测试主回路接触电阻，应符合产品技术要求。

（12）测试接地回路接触电阻，应符合产品技术要求。

（13）测试二次元件及控制回路的绝缘电阻及直流电阻。

7. 检修要点

（1）绝缘子外表无污垢沉积，法兰面处无裂纹，与绝缘子胶合良好，连接应无松动。

（2）导电部分无烧伤痕迹、镀银层完好，所有导电固定接触面涂导电脂，接触面无氧化情况，连接螺丝应紧固，检查接触电阻应不大于 20μΩ；各传动轴销上的开口销齐全完好，无变形、断裂现象；触片的压力弹簧应完好、无变形。

（3）传动连杆、拉杆无拱弯现象，各轴销连接可靠且应涂润滑脂；连接螺栓应全部予以复紧；拐臂不弯曲变形，轴销无严重磨损并涂二硫化钼润滑油脂。主刀和地刀互为闭锁：联锁板为扇形板，其间隙应控制为 3～8mm。

（4）检查变速齿轮箱转动时无异常响声，运转平稳，前后无窜动，齿轮箱密封良好，无溢油现象；传动齿轮啮合正确，检查尼龙齿轮的齿上有无异物，无窜动及摇晃现象，并涂润滑脂。

8. 单柱垂直伸缩式隔离开关的调整

（1）调整机构相主刀：

1）将操动机构放到分闸位置后退出 3/4 圈；

2）将垂直连杆转到分闸位置（判断依据：主、地刀闭锁的缺口与滚轮是对正的）；

3）将垂直连杆与机构输出轴固定；

4）将操动机构用手摇到合闸位置后退出 3/4 圈；

5）松开机构相操作绝缘子的上、下螺丝；

6）用手推机架的操作拐臂与机架导电排平行，如图 5-25 所示（此时，拐臂过死点、限位间隙都必须在合格范围内）；

7）保持操作拐臂与导电排平行不变，紧固操作绝缘子的上、下螺丝；

8）调整机架的拉杆，使下臂满足 4°～6°的要求，如图 5-26 所示；

9）调整下导电臂下方的连杆，使上臂垂直，如图 5-27 所示；

10）将操动机构用手摇到分闸位置后退出 1～2 圈；

11）调整操作拐臂的有效长度，使分闸正好到底（注意：调长主拐臂时要将调整下导电臂倾向度的杆子调短；调短主拐臂时要将调整下导电臂倾向度的杆子调长，使两者长度相加总和不变)。

至此，机构调整完毕，合闸到位，如图 5-28 所示。

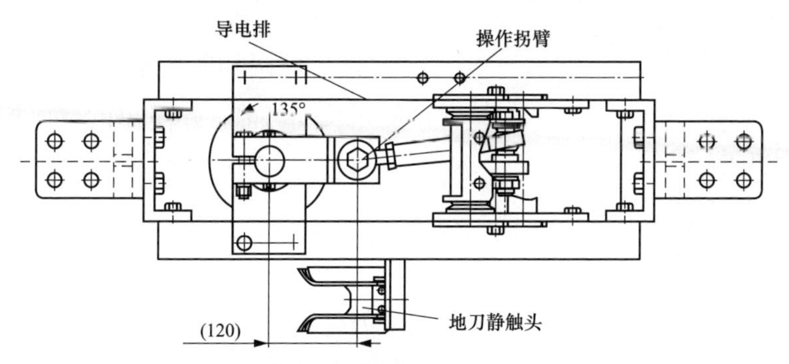

图 5-25 手推机架的操作拐臂与机架导电排平行示意图

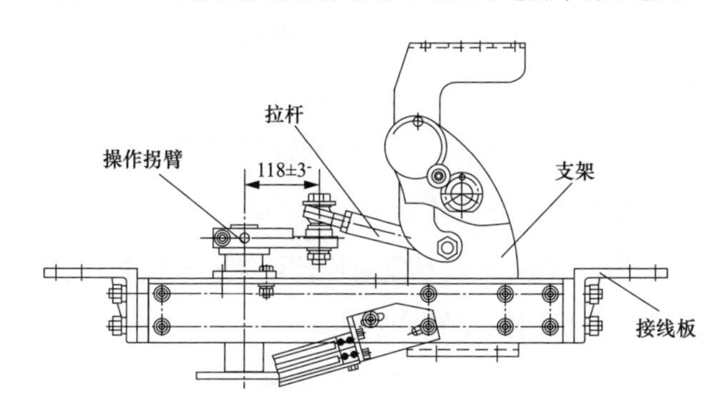

图 5-26 下臂示意图

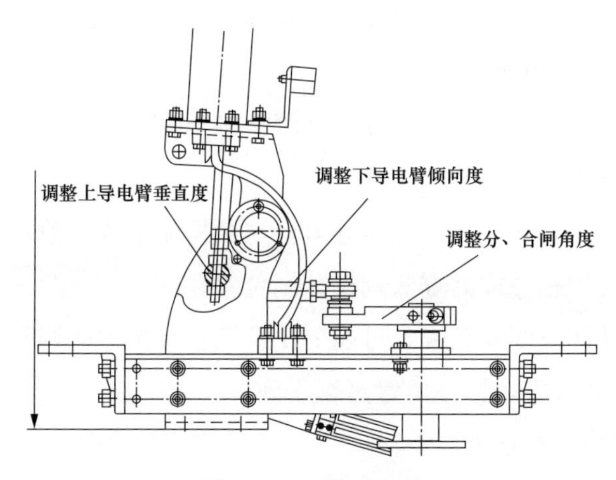

图 5-27 上臂示意图

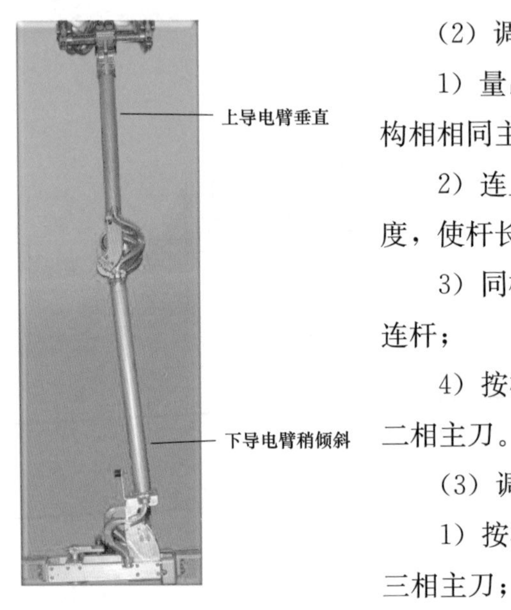

图 5-28 机构调整示意图

(2) 调整第二相主刀：

1) 量出某一相操作绝缘子的主轴与机构相相同主轴的距离；

2) 连上此两相间的水平连杆，调整长度，使杆长度与前一步量出的数值相等；

3) 同样，连接并调整另一根相间水平连杆；

4) 按机构相调整的第 5～11 步调整第二相主刀。

(3) 调整第三相主刀：

1) 按机构相调整的第 5～11 步调整第三相主刀；

2) 调整机构相地刀；

3) 按主刀相间连杆的方法连接好地刀相间水平连杆；

4) 将机构放到分闸位置，转动垂直连杆，使闭锁板的缺口与滚轮对下；

5) 将垂直连杆与机构输出轴固定；

6) 将机构合上，调整长连杆使地刀合闸到位（因传动部位间隙较大，每次调整好后都要重新操作检查位置是否正确）；

7) 调整主拐臂的长度，使地刀分闸到位。

(4) 调整第二相地刀：

1) 将机构相地刀合到地刀导电杆刚进触头喇叭口（为了便于定位）的位置；

2) 调整第二相的长连杆，使导电杆与机构相位置一致；

3) 按与机构相一样的方法调整分闸位置；

4) 因传动部位间隙较大，可能要反复调整几次才能调整合格，每次调整好后都要重新调整，检查位置是否正确。

(5) 调整第三相地刀：

第三相地刀调整方法与第二相一样。

【典型案例】

1. 案例描述

2019 年 9 月 16 日，在配合对侧停电并对 220kV ××变电站 ××间隔停役过程中，发现该间隔副母隔离开关 B 相传动连杆断裂，隔离开关无法分闸，如图 5-29 所示。

图 5-29　副母隔离开关 B 相传动连杆断裂现场图

为对断裂连杆进行更换，同时对隔离开关进行调试，在向地调申请 110kV 副母停役后，由运行人员对 110kV 副母进行了停役工作。在停役过程中，110kV 母联断路器副母隔离开关 C 相在分闸过程中，动触头触指无法打开，导致动、静触头无法分闸，动、静触头卡涩为触指压板与控制杆间螺丝锈蚀卡死，如图 5-30 所示。

在母线停役后采用登高设备，松开母联断路器副母隔离开关触指压板与控制杆间的固定螺丝后，动触头正常打开，隔离开关分闸。

图 5-30　动触头放大图

在现场对故障间隔和 110kV 母联断路器副母隔离开关上导电臂及传动连杆进行更换，更换完毕后隔离开关分合闸正常，回路电阻测试合格。

2. 原因分析

（1）隔离开关连杆断裂，出现新旧两道伤痕，分析认为在上次操作过程中隔离开关静触头已存在卡涩，使连杆受力开裂。本次操作过程中静触头卡涩情况加剧，使连杆再次受力，最终导致闸刀连杆断裂，如图 5-31 所示。

（2）为彻底分析隔离开关静触头卡涩的原因，对隔离开关上导电臂进行解体。将静触指与上导电臂分离后，静触头压板动作灵活，无卡涩；上导电臂与控制杆卡涩，无法复位；在拆除隔离开关底部连杆固定板后多次敲击控制杆，控制杆与上导电臂分离，如图 5-32 所示。

(a)断裂示意图一

(b)断裂示意图二

图 5-31 B 相传动连杆断裂详细图

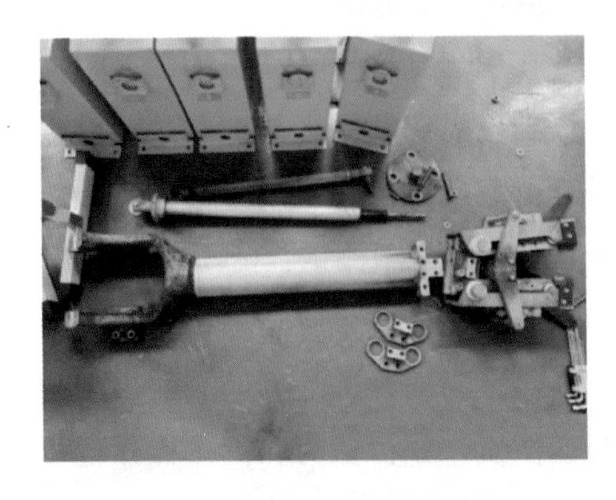
图 5-32 B 相传动连杆断裂拆解图

在解体过程中发现，控制杆与上导电臂铝孔之间有大量的粉末物，应是铝孔氧化物和环境污物。测量铝孔孔距为 13mm，测量控制连杆外径为 12mm，两者间隙过小。在设备长期运行过程中，由于铝材质的氧化腐蚀以及环境内污秽的影响，引起铝孔内污物堆积，导致连杆与铝孔粘连、卡死，无法自由活动，造成隔离开关无法分闸，如图 5-33 所示。

(a)螺杆

(b)铝孔

图 5-33 上导电臂铝孔

3. 防控措施

（1）××变电站仍有 8 把同类型隔离开关，其中 6 把为 2007 年产品，2 把为 2011 年产品，可结合来年综合检修工作，对老式的 PC125 型隔离开关进行上导电臂更换。

（2）目前全市范围内仍有多个变电站采用相同类型的副母隔离开关，需由厂家明确对何年之前的隔离开关进行导电臂更换。

（3）结合停电检修，对该类型的副母隔离开关静触头进行检查，确保静触头能灵活动作；同时对传动连杆进行检查，发现连杆受损应及时更换。

（4）建议对该型号隔离开关的连杆连接头进行更换。本次事件中，间隔副母隔离开关 B 相存在卡涩，无法分闸，此时电机应处于堵转状态，回路内电流很大，正常情况下机构内的空气开关应跳闸，或者电机烧损，而不是连杆断裂，故建议将连杆连接头更换为不锈钢材质，以保证足够的机械强度。

项目六

开关柜运检一体化检修

【项目描述】

本项目包含了不同电压等级下典型开关柜的动作原理、运行维护及专业检修要求。通过学习，熟悉开关柜的运维要点及运维内容，熟练掌握开关柜检修要求，提高处理开关柜常见缺陷的能力。

任务一 10kV高压开关柜运维检修

【任务描述】

本任务主要讲解常见的10kV开关柜结构和断路器动作原理、运行要点、检修维护工艺及要点等内容。通过图解示意及案例分析，使读者了解开关柜结构，掌握开关柜运维要点及检修维护工艺要点，并能处理运行过程中出现的常见缺陷。

【技能要领】

一、10kV开关柜结构

开关柜是以断路器为主的电气设备，是将有关的高低压电器（控制部分、保护部分、测量部分）以及母线、载流导体等装配在封闭或敞开的金属柜体内的设备。10kV开关柜结构如图6-1所示。

1. 断路器室

断路器室如图6-2所示，室内装有特定的导轨，供手车实现在柜内隔离/试验位置和工作位置间的运动和相关联锁。其后壁上安装有遮盖一次静触头用的隔板（活门），在手车从隔离/试验位置移动至工作位置的过程中，上、下活门通过机械联动被自动打开；当手车退出工作位置一定距离后，上、下活门自动关闭并遮蔽住一次静触头，同时由于上下活门不联动，在检修时可仅用挂锁锁定带电侧的活门，对带电导体实现有效隔离，从而确保检修人员的安全。工作中在未确定进线侧是否带电的情况下，禁止触及进线侧活门。

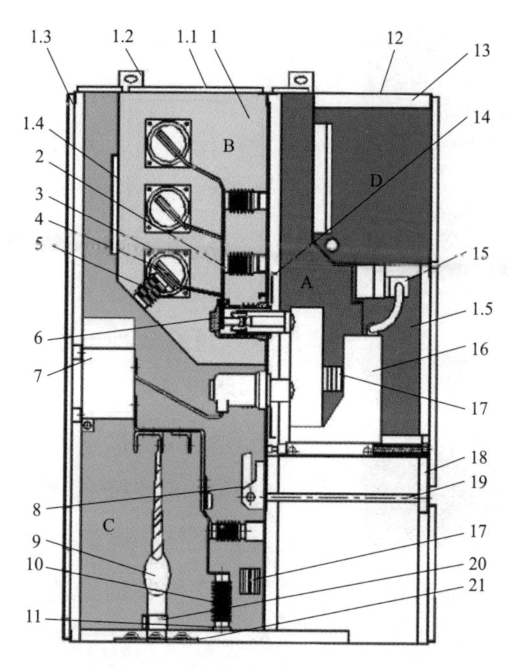

图 6-1　10kV 开关柜结构示意图

1—外壳；1.1—泄压盖板；1.2—吊装板；1.3—后封板；1.4—母线隔室后封板；1.5—控制线槽；2—分支母线；3—母线绝缘套管；4—主母线；5—支持绝缘子；6—一次静触头盒；7—电流互感器；8—接地开关；9—电缆；10—避雷器；11—接地主母线；12—小母线顶盖板；13—小母线端子；14—活门；15—二次插头；16—断路器手车；17—加热器；18—可抽出式水平隔板；19—接地开关操动机构；20—电缆夹；21—电缆盖板；A—断路器室；B—母线隔室；C—电缆终端连接室；D—继电器仪表

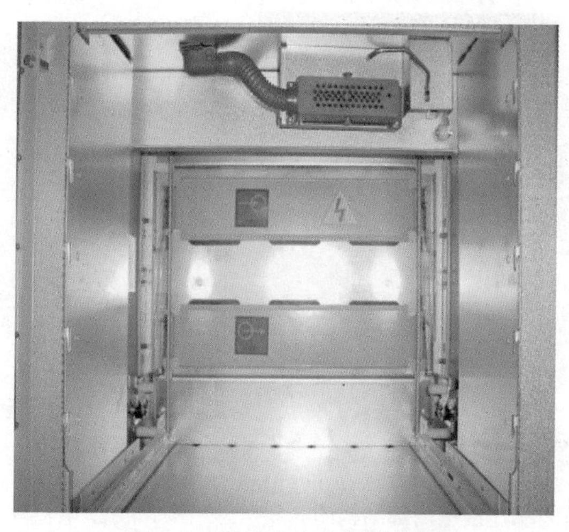

图 6-2　断路器室内部结构图

图 6-3　母线隔室内部结构图

2. 母线隔室

母线隔室内部结构图如图 6-3 所示。在该室中，主母线 4 由绝缘子 5 支撑，分支母线 2 通过螺栓连接于一次静触头盒 6 和主母线，主母线和分支母线均为矩形截面的铜排。相邻柜间穿越主母线用绝缘套管 3 与柜体绝缘，可有效地把事故限制在本隔室内。

3. 电缆终端连接室

电缆终端连接室内部结构图如图 6-4 所示。电缆终端连接室空间较大，既便于电缆的安装，又便于电流互感器、接地开关、避雷器等一次设备的安装。

4. 继电器仪表室

继电器仪表室又叫二次舱，其内部结构如图 6-5 所示。二次舱内可安装继电保护的元件、仪表、带电指示器以及特殊要求的二次设备，隔室左、右侧均设有供敷设二次线用的走线槽，可使二次线与高压室有效隔离，隔室顶板上铺设小母线，供二次舱内设备电源取电。

图 6-4　电缆终端连接室内部结构图

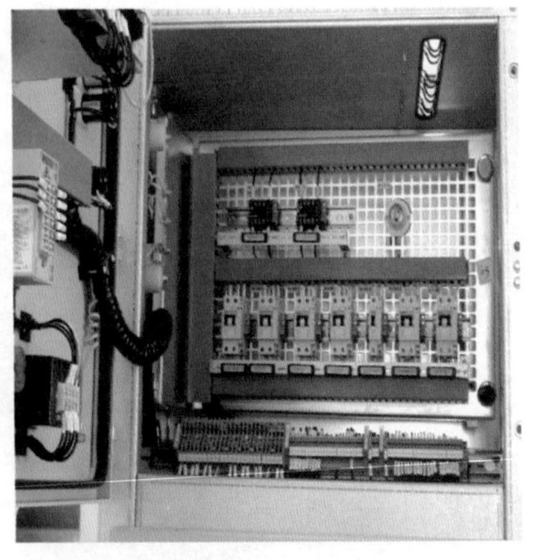
图 6-5　继电器仪表室内部结构图

二、10kV 开关柜手车机构及动作过程原理

下面以厦门 ABB VD4 型真空断路器和常州森源 VS1-12 为例，对 10kV 开关机构动作过程进行讲解。

1. VD4 型真空断路器

储能过程：VD4 型真空断路器操动机构的储能弹簧是平面卷簧，通过装有棘轮的传动链对平面卷簧进行储能，用于供给断路器合、分闸所需的能量。

合闸过程：当卷簧储能完成，按下合闸按钮 2 或启动合闸线圈，脱扣机构 20 释放卷簧能量并转动主轴 19，凸轮盘 18 和主轴 19 一起转动，绝缘连杆 15 将在凸轮盘转动过程中向上机械联动，带动触头 12.1 向上运动，直至出头接触为止，完成合闸过程。

分闸过程：合闸操作结束后，按下分闸按钮 3 或启动分闸线圈，分闸脱扣机构 20 在分闸弹簧作用下触头 12.1 和绝缘连杆 15 一起向下运动完成分闸操作。

图 6-6 为 VD4 型真空断路器机构图。

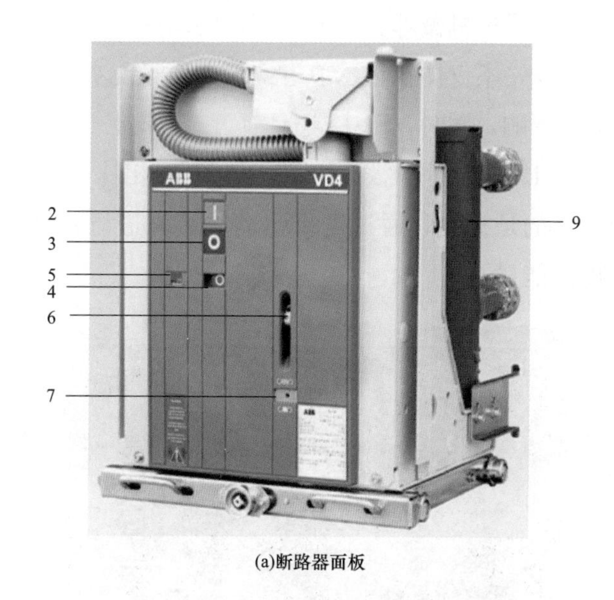

(a)断路器面板

图 6-6　VD4 断路器机构图（一）

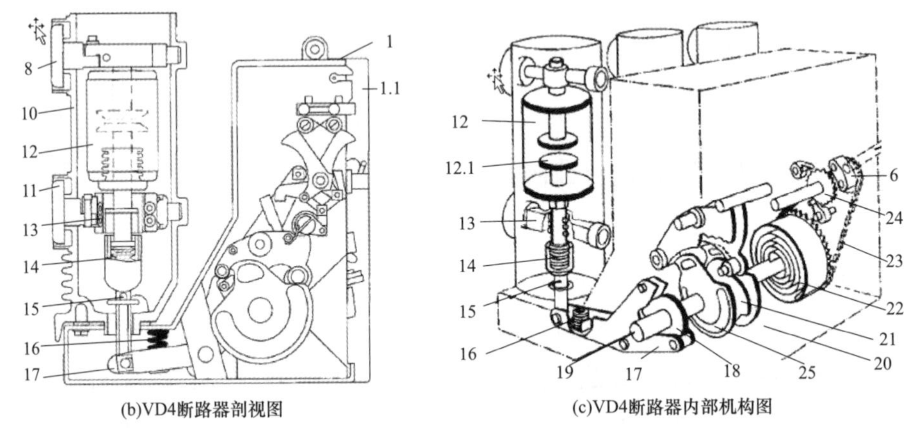

(b)VD4断路器剖视图

(c)VD4断路器内部机构图

图 6-6 VD4 断路器机构图（二）

1—手车机构外壳；1.1—面板；2—合闸按钮；3—分闸按钮；4—分合闸指示；5—断路器动作计数器；6—手动储能机构；7—储能状态指示；8—上部导流端子；9—极柱；10—绝缘筒体；11—下部导流端子；12—真空灭弧室；13—转动触头；14—压力弹簧；15—绝缘连杆；16—分闸弹簧；17—移动连杆；18—凸轮盘；19—主轴；20—脱扣机构；21—制动；22—卷簧；23—链条；24—棘爪；25—制动机构

2. VS1-12 型高压真空断路器

VS1-12 真空断路器是常州森源参与开发研制，于 1997 年 5 月通过型式试验，同年 7 月首次通过机械部、电力部鉴定的新一代真空断路器。其主导电回路采用复合绝缘，不仅体积小、节省空间，而且能有效保护真空灭弧室不受冲击和碰撞的影响，同时 VS1-12 还具有可靠性高、运行成本低的优点。

图 6-7 为 VS1-12 真空断路器机构图，与 VD4 相比，VS1-12 真空断路器的弹簧机构采用的是拉簧，通过电机驱动拉簧来进行弹簧储能，从而给分、合闸操作提供能量。

图 6-7 VS1-12 真空断路器平面机构图

图 6-8 为 VS1-12 真空断路器机构的三维示意图，断路器机构由储能部分、合闸部分、分闸部分组成。

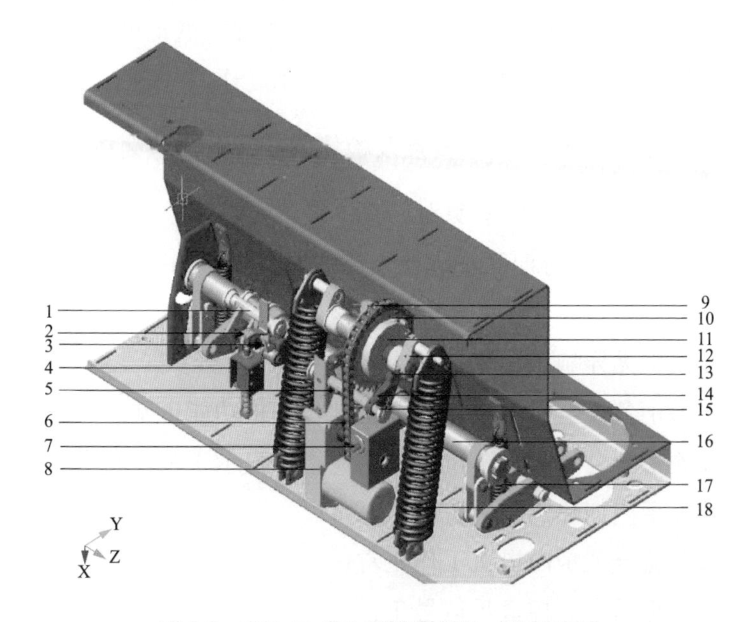

图 6-8　VS1-12 真空断路器机构三维示意图

1—脱扣半轴；2—脱扣弯板；3—合闸保持掣子；4—分闸电磁铁；5—合闸电磁铁；6—传动链条；7—手动储能蜗轮蜗杆部装；8—储能电机；9—凸轮；10—电机传动链轮子；11—储能传动轮；12—储能拐臂；13—储能保持滚轮；14—储能保持掣子；15—储能保持轴；16—主轴；17—分闸弹簧；18—合闸弹簧

储能原理：储能电机 8 带动链条 6 运动，并推动储能传动轮 11、储能拐臂 12 转动，拉动合闸弹簧 18 开始储能。当合闸弹簧被拉长到设定的储能位置时，弹簧在储能保持掣子 14 的作用下储能保持，此时储能部分的微动开关切断电机电源，储能回路断开，完成机构储能。

合闸原理：机构储能后，当接到合闸信号时，合闸电磁铁 5 的动铁心被吸合向前运动，此时储能保持轴 15 将带动储能保持掣子 14 转动，破坏掉储能平衡状态，合闸弹簧 18 的能量释放，驱使凸轮 9 转动，带动主轴 16 和绝缘拉杆联动，推动真空灭弧室的动导电杆向上运动，完成合闸动作。

分闸原理：机构合闸后，在接到分闸信号时，分闸半轴 1 将在机构脱扣力的作用下转动，破坏合闸保持掣子与分闸半轴之间的平衡，分闸脱扣部分在分闸弹簧 17 的共同作用下转动，真空灭弧室的动导电杆在两级连杆机构和绝缘拉杆的带动下向下运动，完成分闸动作。

三、10kV 开关柜运维检修要点及检修维护工艺质量要求

1. 10kV 开关柜运维检修要点

10kV 开关柜在运行期间，运检人员的检查要点如下：

（1）开关柜柜门无变形，柜体密封良好，无明显过热。

（2）开关柜无异响、异味。

（3）开关柜各带电显示装置显示正常，自检功能正常。

（4）开关柜分合闸、手车位置及储能指示显示正常，与实际状态相符。

（5）开关柜内加热驱潮装置工作正常。

（6）大电流开关柜内风机工作正常。

（7）开关柜后台监控显示信号正常。

10kV 开关柜在检修期间，运检人员要重点检查以下要点：

（1）操动机构部分检查：

1）目测检查所有元件是否有损坏，如分合闸线圈、计数器、油缓冲、二次导线的绝缘层等。

2）检查机械连接件、紧固件有无松动，定位销、卡簧有无振动断裂、脱落。

3）检查机构内部传动及摩擦部位润滑是否良好，并对机构需润滑的部件涂抹润滑脂，如图 6-9 所示。

4）检查二次部分所有电气端子有否松动。

5）检查电机储能微动开关 S1、辅助开关 QF 工作是否正常，若发现异常应予以更换。

（2）与底盘车的联锁检查：

1）检查与底盘车的联锁固定螺钉是否松脱。

2）用手柄操作底盘车，检查与合闸的联锁动作情况。

(a)润滑部位一

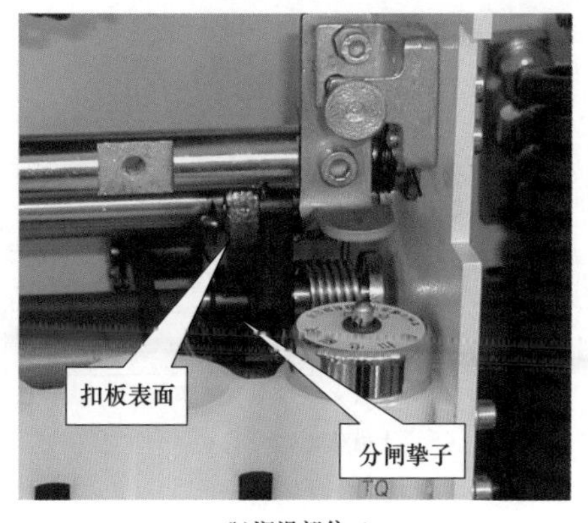

(b)润滑部位二

图 6-9 机构需润滑的部位示意图

（3）断路器本体检查：

1）检查并擦拭环氧树脂外壳。

2）对断路器进行分合闸时间、分合闸同期性及合闸弹跳时间的测试。

3）检查分合闸脱扣器动作电压。

4）测试断路器每相主回路直流电阻。

5）测量主回路的对地、相间及断口间绝缘电阻，测量辅助回路的绝缘电阻。

6）对断路器进行耐压试验。

7）对断路器进行继保整组试验。

（4）断路器回路电阻测量：

断路器主回路如图 6-10 所示，断路器主回路电阻测量采用电压—电流法，测试电流为 100A。

（5）断路器辅助开关更换要点：图 6-11 为断路器辅助开关示意图。更换断路器辅助开关首先需要用 M4 内六角扳手将连接拐臂的两个螺钉松开（已上螺纹胶，需局部加热）；其次需用 M5 内六角扳手松开两个辅助开关固定螺钉，取下辅助开关及其连线；然后用笔和纸将辅助开关上所有触点引线的号码管编号，并记住辅助开关拆下时常开、常闭触点的状态；最后用尖嘴钳拔下与辅助开关相连的所有二次线。按上述步骤的逆序换上新辅助开关，连接传动铜拐臂。要特别注意的是更换新的辅助开关时常开、常闭状态应与原辅助开关相同。

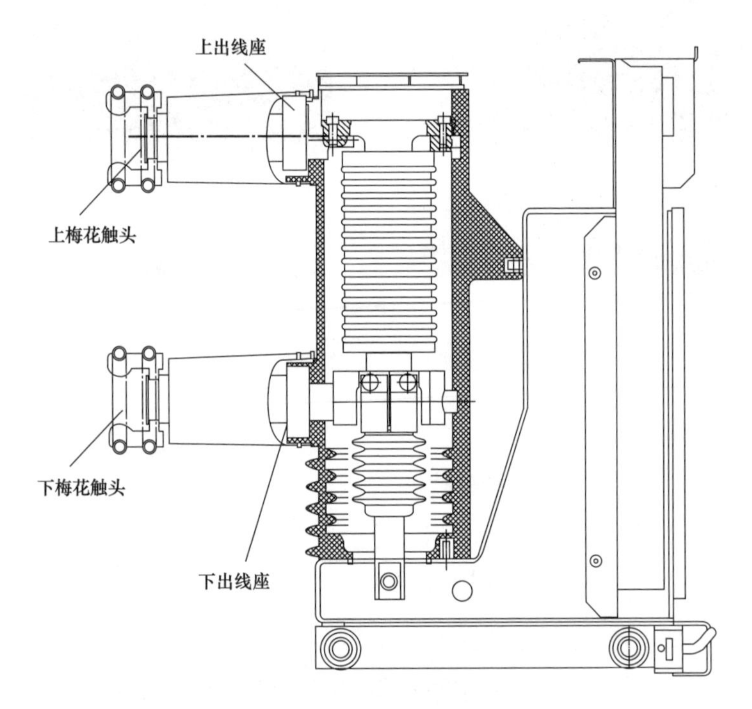

图 6-10　断路器主回路图

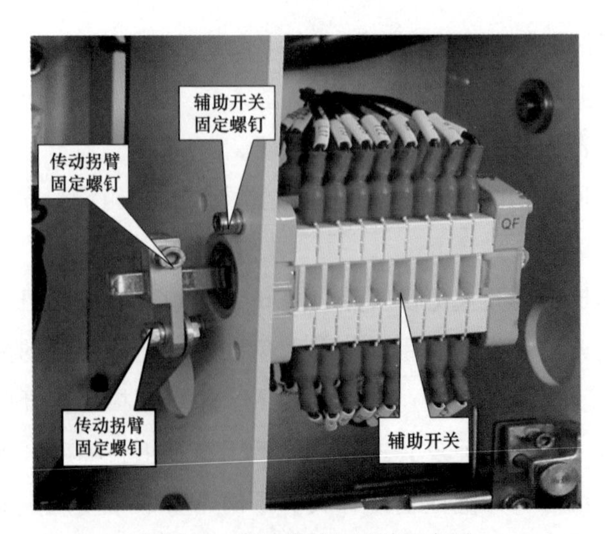

图 6-11　断路器辅助开关示意图

（6）断路器储能电机更换要点：更换断路器储能电机时，断路器必须处于分闸位置，机构储能弹簧处于释放状态，并切断操作、储能电源。断路器储能电机机构图如图 6-12 所示。更换步骤如下：

1）用尖嘴钳拆下链条接口，卸下链条；

2）用 M6 内六角扳手松开 3 个电机固定螺钉及 4 个手动储能部分固定螺钉，剪断电机二次线接头；

3）取出电机部件，更换电机；

4）重新接好二次线并按上述步骤的逆序装好。

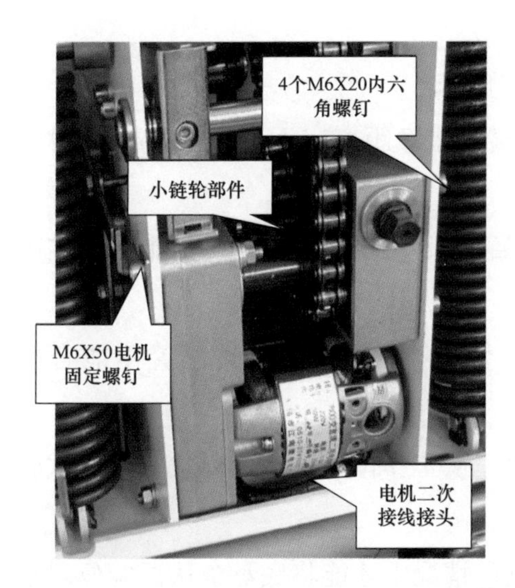

图 6-12 断路器储能电机机构示意图

（7）断路器分、合闸电磁铁更换要点：

更换合闸电磁铁：卸下链条，拆下左侧合闸弹簧固定销，松开合闸弯板固定螺钉，拆下储能保持轴，松开合闸电磁铁上弯板的固定螺钉，剪断合闸电磁铁二次线，测量线圈电阻，确认新、旧合闸线圈电阻一致，并调整动铁心的行程使其与旧合闸线圈一致，拆下电磁铁安装板并更换电磁铁。

更换分闸电磁铁：拆下左侧合闸弹簧固定销，拆下分闸电磁铁尼龙安装支架的固定螺钉，拆下安装支架底部的 2 个分闸电磁铁固定螺钉，剪断分闸电磁铁二次线，测量线圈电阻，确认新、旧分闸线圈电阻和动铁心行程一致，更换电磁铁。

（8）断路器计数器更换要点：断路器计数器示意图如图 6-13 所示。更换计数器时，需将断路器合闸，拆下计数器弯板与框架的固定螺钉，松开计数器拉簧固定螺钉，从弯板上拆下计数器，调整新计数器的拐臂自由角度与旧的一致，安装并固定新的计数器即可。

图 6-13　断路器计数器示意图

2. 10kV 开关柜检修维护工艺质量要求

（1）带电体与开关柜柜体间的空气绝缘净距离应不小于 125mm（对于 12kV）。

（2）电气联锁装置、机械联锁装置以及它们之间的联锁功能动作准确可靠，需满足：

1）工作位置或试验位置到位后才能合闸操作，中间位置不能合闸操作。

2）只有在分闸状态下才能将底盘车从工作位置推到试验位置或从试验位置推到工作位置。

3）与柜体联锁，只有在地刀分闸的情况下才能将底盘车从试验位置推进至工作位置。

（3）断路器手动、电动分合闸正常，机械特性试验合格。

（4）测试开关柜整体回路电阻三相平衡，且不大于出厂值的 20%。

（5）手车推拉应轻便灵活，无卡涩及碰撞，无爬坡现象。安全隔离挡板开启应灵活，与手车的进出配合动作，挡板动作连杆应涂抹润滑脂。安全隔离挡板应可靠闭锁隔离带电部分，隔离活门上应有相位指示、警示标志。

（6）手车静触头安装中心线与静触头本体中心线一致，且与动触头中心线一致。

（7）手车与柜体间的接地触头应接触紧密，手车推入时，接地触头应比主触头先接触，拉出时应比主触头后断开。手车在工作位置，动、静触头配合尺寸应正确，动、静触头接触应紧密，插入深度符合产品技术要求。

（8）手车在工作位置和试验位置时指示灯显示正确。

（9）接地开关分、合闸正常，无卡涩，各转动部分应涂抹润滑油，操作连杆转动范围与带电体的安全距离符合要求。

（10）母线套管防火封堵完好，套管地电位片连接可靠。

【缺陷处置】

10kV 高压开关柜机构的缺陷性质、现象、分类及处理原则见表 6-1。

表 6-1　　10kV 高压开关柜机构的缺陷性质、现象、分类及处理原则

序号	缺陷性质	缺陷现象	缺陷分类	处理原则
1	弹簧未储能	弹簧无法储能，造成操动机构无法正常工作	危急	立即安排带电处理，如需停电处理应立即安排停电处理
2	储能超时	储能时间超过整定的时间定值，断路器报储能超时信号，但弹簧能储能	严重	优先安排带电处理
3	控制回路断线	控制回路断线、辅助开关切换不良或不到位	危急	立即安排带电处理，如需停电处理应立即安排停电处理
4	远方/就地切换开关失灵	导致开关无法遥控操作	严重	原则上安排带电处理
		导致开关无法就地操作	一般	
5	分、合闸线圈烧损	分、合闸线圈烧毁、绝缘不良或击穿	危急	立即安排停电处理
6	储能电机损坏	储能电机转动时声音、转速等异常	危急	原则上安排带电处理，如需停电处理应立即安排停电处理
7	缓冲器变形、老化	缓冲器变形老化	严重	优先安排带电处理，需要停电处理的，应尽快安排停电处理
		缓冲器无油	危急	立即安排停电处理
		缓冲器漏油，设备上有明显油渍	严重	优先安排带电处理，需要停电处理的，应尽快安排停电处理
		缓冲器渗油	一般	优先安排带电处理，需要停电处理的，跟踪，根据渗油情况安排停电处理
8	二次回路线缆破损、老化	二次线缆绝缘层有变色、老化或损坏等	严重	优先安排带电处理，需要停电处理的，应尽快安排停电处理

续表

序号	缺陷性质	缺陷现象	缺陷分类	处理原则
9	接线端子排锈蚀	接线端子排有严重锈蚀	严重	优先安排带电处理，需要停电处理的，应尽快安排停电处理
10	照明灯不亮	更换正常灯泡仍不亮，无法满足夜间照明需求，但可以借助其他照明设备，不影响设备运行	一般	带电处理
11	辅助（行程）开关破损	辅助开关外表开裂，破损，但能实现正常导通，不影响设备运行	一般	优先安排带电处理，需要停电处理的，应尽快安排停电处理
12	辅助（行程）开关切换不良	辅助开关接触不良，造成操动机构无法正常工作	危急	优先安排带电处理，需要停电处理的，应立即安排停电处理
13	交流接触器故障	接触器无法励磁，造成操动机构无法正常工作	危急	优先安排带电处理，需要停电处理的，应立即安排停电处理
14	空气开关合上后跳开	造成操动机构无法正常工作的空气开关合上后跳开	严重	带电处理
		照明、加热器等不影响设备运行的空气开关合上后跳开	一般	带电处理
15	熔丝放上后熔断	造成操动机构无法正常工作的熔丝放上后熔断	严重	带电处理
		照明、加热器等不影响设备运行的熔丝放上后熔断	一般	带电处理

【典型案例】

一、开关合闸不成功

1．案例描述

2019 年 6 月 6 日，110kV××变电站：运维人员报＃1、＃3 电容器开关在进行 VQC 遥控合闸操作时，两台开关相继出现合闸不成功的问题。

2．原因分析

检修人员对两台开关进行检查，发现两台开关的故障现象完全一致，如图 6-14 所示：操作机构分、合闸指示器处在中间状态；辅助开关传动连杆翻转不到位；合闸偏心轮与主轴传动轮间隙过大；分闸缓冲器头盖牙纹松动退出，液压油外泄。

通过对开关机构异常现象分析和机构传动的模拟，判断造成两台电容器开关无法合闸的原因为分闸缓冲器故障。该分闸缓冲器头盖退出不仅会使其失去了应有的缓冲吸能作用，还会引起机械限位的反作用，导致开关分闸时主传动轴翻转不到位，同时与主轴连接的其他传动部件配合间隙也将发生变化，最终造成操作机构机械传动故障，开关无法正常分、合闸。

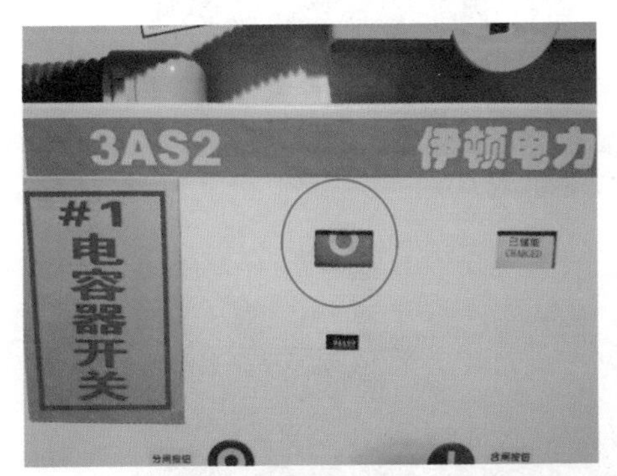

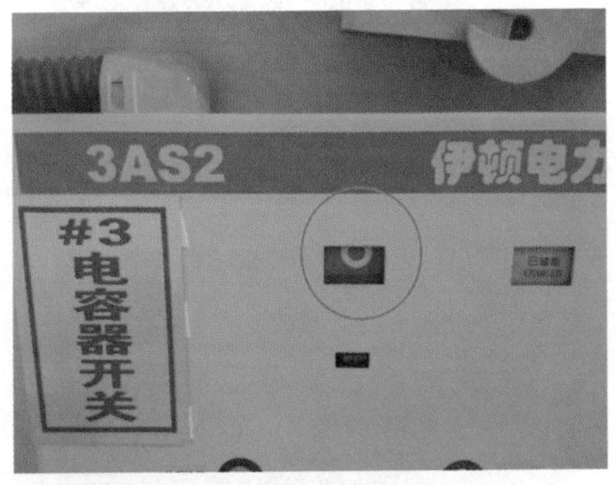

(a)分合闸指示器处在中间状态

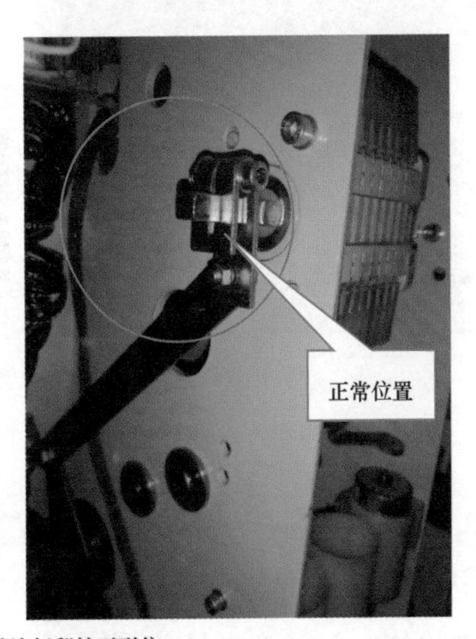

(b)辅助开关传动连杆翻转不到位

图 6-14　两台开关故障现象（一）

(c)合闸偏心轮与主轴传动轮间隙过大

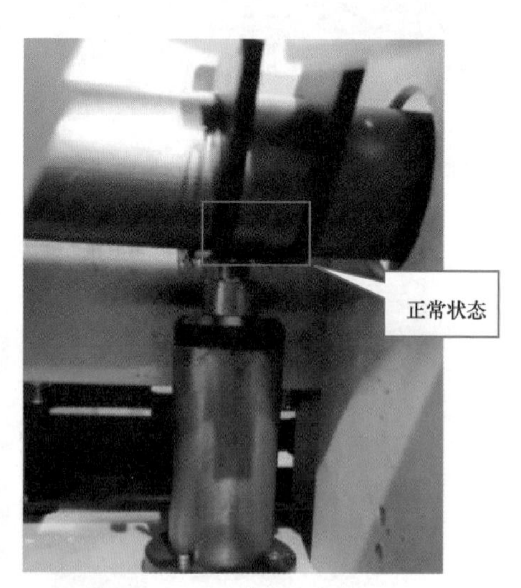

(d)分闸缓冲器液压油外泄

图 6-14 两台开关故障现象（二）

3. 防控措施

电容器开关受电网 AVC 控制，在实际运行中分、合闸操作较多，结合停电检修，对各变电站内同一型号开关分闸缓冲器加强检查，存在故障隐患的应尽早更换处理。

二、开关弹簧未储能

1. 案例描述

2020 年 10 月 11 日，配调监控告知 110kV××变电站并联电容器 B666 开关未储能告警信号，运维人员到现场检查发现并联电容器 B666 储能电机在运行，但开关无法储能。并联电容器 B666 属于自调设备，在汇报当值值长后，将并联电容器 B666 改为开关检修。值班员在拉开并联电容器 B666 开关时，遥控操作无法执行，就地操作亦无法执行。

2. 原因分析

检修人员到达现场后，检查发现开关机构卡死且机构合闸不到位。考虑到此情况会导致以下后果：①并联电容器 B666 开关无法分闸，当本间隔电容器及其线路出现故障时会造成越级跳闸，扩大事故范围；②并联电容器 B666 开关合闸不到位情况会导致开关真空泡绝缘击穿，造成人身及设备伤害事件；③并联电容器 B666 开关机构合闸不到位，存在慢分的可能，容易引发人身及设备伤害事故。值班员立即将上述情况汇报调度、生产指挥中心及部门领导，拉停故障设备所属 10kVⅡ段母线及其连接设备，将并联电容器 B666 开关手车拉至检修位置进行检查。

检修人员在对并联电容器 B666 开关机构进行检查时，发现开关柜内部存在诸多异常问题，如：合闸滚轮轴销多次分、合闸后，滚轮轴销与合闸连杆的安装孔磨损很大，如图 6-15(a) 所示；轴销左侧定位卡销受力脱落，如图 6-15(b) 所示；合闸滚轮移位致使合闸水平连杆、垂直连杆变形，如图 6-15(c) 所示；开关机构合闸不到位，储能拐臂卡在合闸滚轮处，如图 6-15(d) 所示。

由于并联电容器开关分、合闸较为频繁，导致机构零部件磨损严重，配合尺寸发生位移，合闸滚轮横向轴销左侧定位卡销脱落，储能拐臂卡在合闸滚轮轴销处，致使开关机构无法储能、合闸不到位，因此该开关机构需返厂检修及进行更换机构处理。

3. 防控措施

对变电站内所有该型号开关进行排查，结合年度检修重点检查：机构内部磨损情况；机构内各连杆与轴销的连接与传动情况；机构内合闸缓冲器的合闸间隙与固定情况。同时，对同型号所有并联电容器开关在做例行试验时，加做机械特性试验。

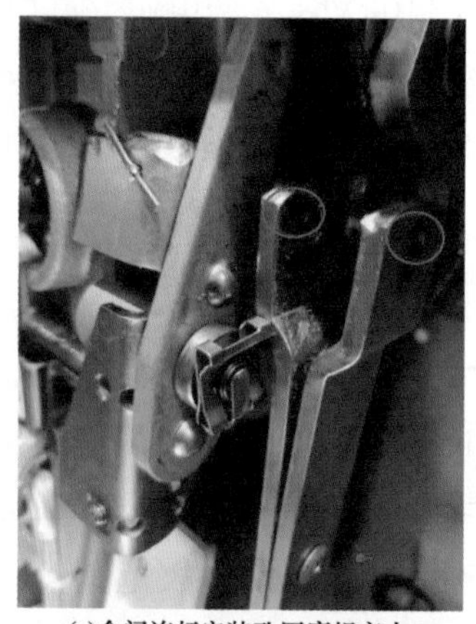

(a)合闸连杆安装孔因磨损变大

(b)轴销左侧定位卡销受力脱落

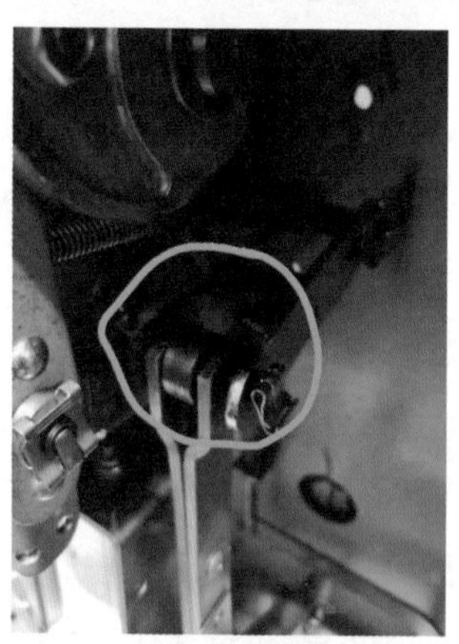

(c)合闸水平连杆、垂直连杆变形

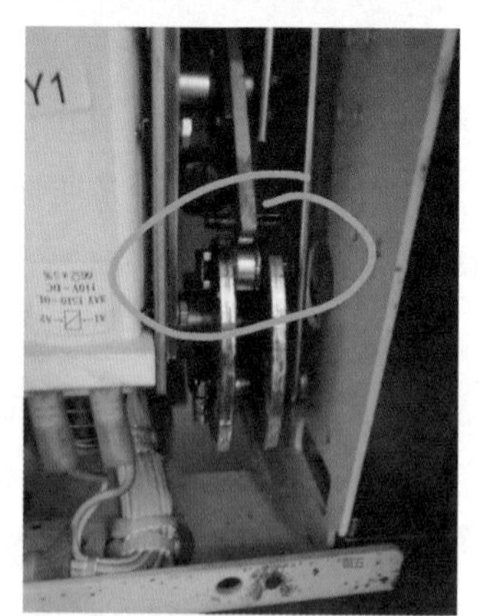

(d)合闸保持掣子不到位

图 6-15 开关柜内异常现象

任务二 35kV 高压断路器运维检修

【任务描述】

本任务主要讲解常见的 35kV 高压断路器结构、动作原理、运检要点和检修工艺质量要求等内容。通过图解示意、案例分析等，使读者掌握35kV断路器运检维护和检修工艺要求，并能处理运行过程中设备出现的常见缺陷。

【技能要领】

一、35kV断路器结构

35kV断路器结构如图6-16所示，采用上下布置结构，可有效减小断路器的深度。断路器由固封极柱、手车、弹簧操动机构组成。操动机构和极柱是固定在同一金属构架上，它同时作为手车，可在开关设备内沿导轨推入和移出。轻巧紧凑的断路器结构保证了其坚固和可靠。

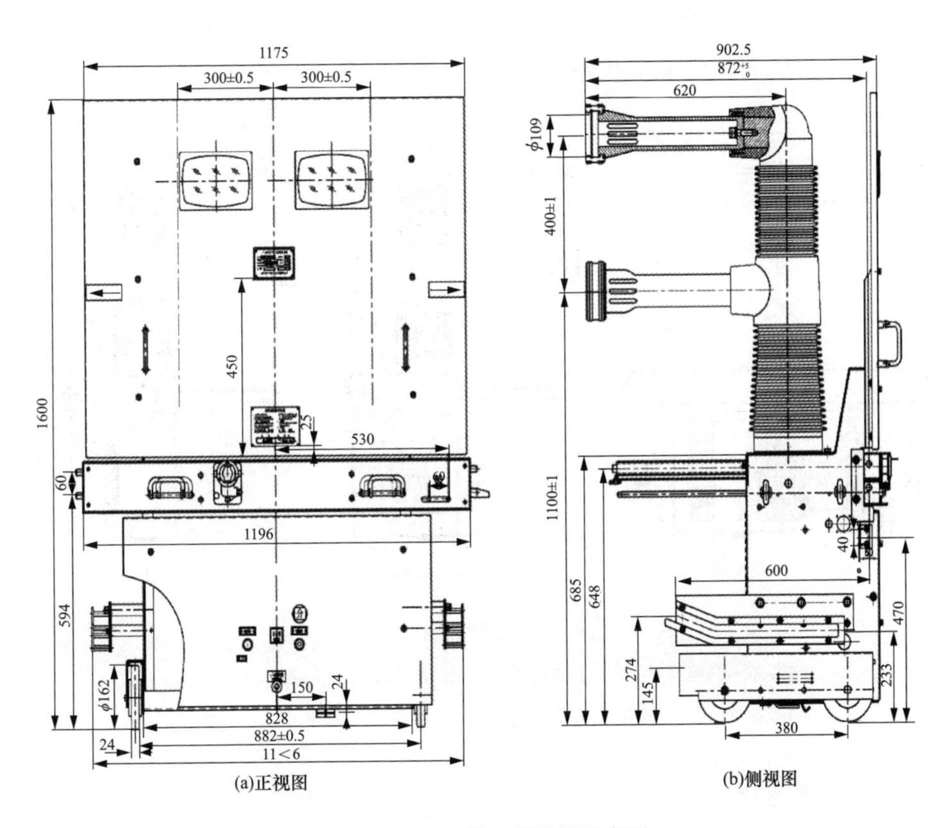

图6-16 35kV断路器结构示意图

二、35kV断路器动作过程原理

目前变电站内常见的35kV断路器有ZN85G－40.5型户内高压真空断路器、ABB HD4型中压断路器等。它们的内部机构差别不大，动作原理相同，区别在于ZN85G－40.5型户内高压真空断路器采用真空灭弧原理进行灭弧，而HD4型中压断路器采用SF_6气体进行灭弧。下面以ZN85G－40.5型户内高压真空断路器为例讲解机构动作原理。

1. 机构储能原理

断路器机构图如图6-17所示。机构储能单元采用单级减速结构，电机从小链轮轴的一端输入功率，经滚子链带动大链轮。大链轮在转动的同时驱动棘爪，棘爪在运动过程中与棘轮咬合，实现合闸弹簧储能。弹簧储能到位时，行程开关被推动，切断电动机电源。同时，离合推轮将棘爪抬起脱离棘轮，从而保证储能机械系统在惯性力作用下不被损坏。

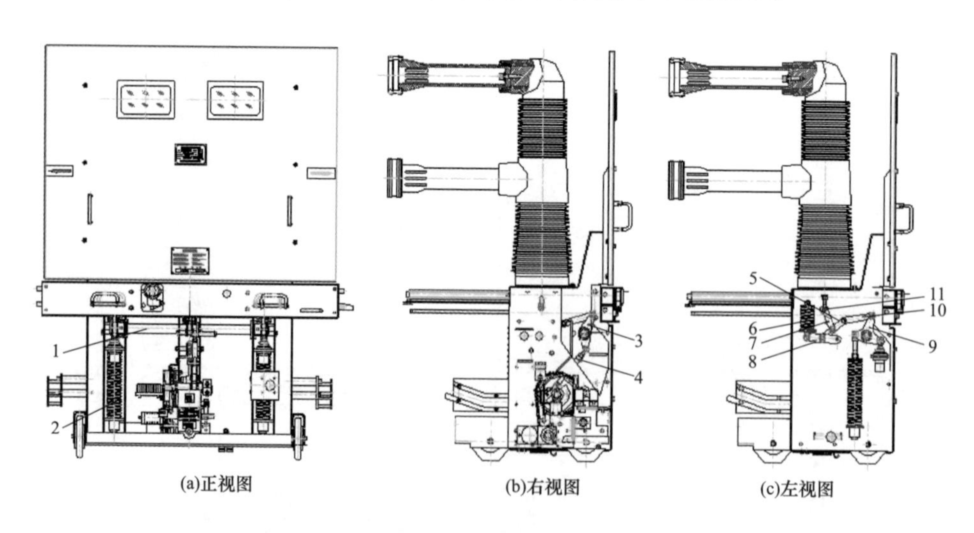

图6-17 断路器机构图

1—主轴；2—合闸弹簧；3—主轴拐臂；4—传动板1；5—传动板2；6—触头弹簧；7—传动板3；8—传动板4；9—主轴端拐臂；10—传动板5；11—杆端关节轴承

2. 合闸操作原理

当储能完成后，合闸弹簧因掣子的作用而保持在储能状态，储能保持掣子扣板在凸轮滚子力的作用下有向解扣方向运动的分力。此时，可以通过手动按钮或用合闸电磁铁线圈使合闸脱扣半轴按顺时针方向转动至脱扣位置，储能保持状态被解除，合闸弹簧快速释放能量，并带动凸轮沿顺时针方向转动。同时，连杆机构在凸轮的驱动下运动至合闸位置，从而完成机构的合闸动作。在合闸过程的同时，行程开关复位，使储能电动机电源被接通，再次给合闸弹簧储能，使机构处于合闸储能状态。

3. 分闸操作原理

机构的合闸状态是由连杆机构的分闸扣板和分闸脱扣半轴来保持的，分闸扣板在断路器负载力作用下有向解扣方向运动的分力。此时，可以通过手动按钮或用分闸电磁铁线圈使分闸脱扣半轴按逆时针方向转动至脱扣位置，分闸扣板脱扣迅速脱开，在分闸和触头弹簧释放力作用下带动主轴运动，主轴经绝缘拉杆使真空灭弧室动导杆运动，使断路器分闸。在主轴转动约一半时，油缓冲开始吸收触头弹簧及分闸剩余能量。

三、35kV 断路器运检要点及检修工艺质量要求

1. 35kV 断路器运检要点

（1）手车各部分外观清洁、无异物。

（2）与接地开关、柜门联锁逻辑正确，推进退出灵活，隔离挡板动作正确。

（3）绝缘件表面清洁，无变色、开裂。

（4）梅花触头表面无氧化、松动，烧伤，涂有薄层中性凡士林。

（5）断路器机构分、合闸机械位置，储能弹簧已储能位置及动作计数器显示正常。

（6）母线停电时，应检查触头盒无裂纹，固定螺栓满足力矩要求。

2. 35kV 断路器检修工艺质量要求

（1）机械传动部件无变形、损坏及脱出，在转动部分涂抹适合当地气候的润滑脂。

（2）胶垫缓冲器橡胶无破碎、粘化，油缓冲器动作正常，无渗漏油。

（3）限位螺栓、螺母无松动。

（4）衔铁、掣子、扣板及弹簧动作可靠，扣合间隙符合厂家技术要求。

（5）辅助回路和控制电缆、接地线外观完好，绝缘电阻值符合要求。

（6）合闸保险接触良好，合闸接触器动作正常。

（7）分闸线圈电阻的检测结果符合设备技术文件要求，无明确要求时，线圈电阻初值差不超过5%，绝缘值符合相关技术标准要求。

（8）合闸脱扣器在合闸装置额定电源电压的85%～110%范围内能可靠动作；分闸脱扣器在分闸装置额定电源电压的65%～110%（直流）或者85%～110%（交流）范围内能可靠动作；当电源电压低于30%时，脱扣器不动作。

（9）进行机械特性测试，测试结果符合设备技术要求。

【缺陷处置】

35kV高压开关柜机构的缺陷性质、现象及等级分类同表6-1。

【典型案例】

一、开关无法分闸

1. 案例描述

2019年4月20日，220kV××变电站：运维人员报××变电站并联电容器3805开关机构机械回路故障，无法分合闸，且开关机械指示在分位，带电显示器、避雷器泄漏仪均显示有电，后台显示三相均有130A左右电流。

2. 原因分析

变电检修人员在现场检查发现开关机械指示确在分位，且无法进行手动分闸操作，但电动均能进行分、合闸操作，故初步判断为断路器机构输出拐臂与断路器本体传动连杆脱落（处于失联状态），导致开关不能正常分闸（断路器依靠真空泡自闭功能导通）。由于现场无法使断路器分闸，经逐级汇报停役 35kV 母线后才将并联电容器 3805 开关手车拉至检修位置，对机构进行解体检查。拆解检查发现，并联电容器 3805 机构输出拐臂与开关本体传动连杆间防松螺丝及垫片掉落，引起机构输出拐臂与开关传动连杆脱落，造成断路器无法分闸。图 6-18 为机构输出拐臂与开关本体传动连杆示意图。

图 6-18　机构输出拐臂与开关本体传动连杆示意图

同时，该并联电容器 3805 开关自 2007 年 7 月投运以来已运行近 12 年，动作次数达 1811 次，频繁动作对连接轴上的防松螺丝及垫片产生挤压作用，使该螺丝失去防松效果。在开关动作产生振动及机械力的双重作用下，该螺帽逐渐滑出，导致拐臂与连杆脱落。

3. 防控措施

结合停电检修，加强对断路器机构隐蔽部位的检查，必要时列入作业指导卡；加强对并联电容器开关等的检修力度，特别是加强对连接部位零件磨损、主轴与连杆固定部位的检修。

二、开关自动分闸

1. 案例描述

2020 年 7 月 25 日，220kV××变电站运维班人员汇报："并联电容器 3153 开关合闸后即分闸，保护无动作信息，开关偷跳。将开关改冷备用后，进行分、合闸操作试验，共进行 4 次分合闸，有 3 次合后即分现象"。

2. 原因分析

变电检修人员在现场检查发现开关无法合闸，合闸线圈能正常动作，并使储能释放，但开关合闸动作后无法正常保持在合闸状态，即行分闸。随后，检修人员对机构连接部位进行润滑处理，并调节分闸半轴的角度使合闸保持掣子扣接量逐渐变大，开关合闸成功率逐步提高，但开关仍偶有不能合闸现象发生。图 6-19 为合闸保持掣子扣接量调整图。

图 6-19 合闸保持掣子扣接量调整图

通过不断调节合闸保持掣子扣接量后，检修人员对开关做了多次分、合闸操作试验，对机构手动分、合闸 10 次，通过开关端子排对线圈加控制电压分、合闸 5 次，均正常动作，之后继续手动分、合闸 5 次，对线圈加电压分、合闸 5 次，共 25 次试验均合闸成功，25 次试验均为手车在冷备用位置进行。同时对开关进行低电压动作试验，测得低电压动作数据为：合闸 140V，分闸 130V，均合格（控制电压 220V）。

后续检修人员在厂家配合下对并联电容器 3153 开关继续检查后发现合闸弹簧调节螺杆处有螺纹滑丝现象，如图 6-20 所示。因合闸弹簧在机构背面，且调节螺杆在合闸弹簧内，故难以发现。

因并联电容器开关频繁操作，导致弹簧不断地进行储能释放循环，在多次冲击下，螺纹滑丝，螺帽向下发生位移，弹簧预压力降低，储能后提供的合闸能量不足，导致开关无法合闸。因此，厂家人员将螺帽向上调节约 1cm，使弹簧整体向上收缩，储能后有更大的压缩力进行合闸动作以保证合闸可靠。此后，又对开关进行了手动分、合闸 3 次，就地 KK 开关分、合闸 3 次，后台遥控操作分合闸 1 次，开关均正常动作。但因螺杆本身已有滑丝现象且并联电容器开关动作频繁，开关存在着多次动作后螺丝向下偏移导致合闸力不足的隐患，进而出现开关无法正常合闸现象。

图 6-20 合闸弹簧调节螺杆处螺纹滑丝

3. 防控措施

因合闸弹簧调节螺杆滑丝，导致螺帽移位，不能将合闸弹簧保持在合适的预压力位置。合闸弹簧储能后提供的合闸能量不足，导致开关无法合闸。并联电容器开关操作比较频繁，对并联电容器类需频发投切的开关要进行机构专项维保，对各连接部位进行检查和润滑，更换合闸保持掣子等易磨损部件，并做好维护保养台账；对于线路开关，可结合综合检修、例行试验等安排检修维护保养工作，避免重复停电。